人工影响天气安全管理探索

郝克俊 编著

气象出版社
China Meteorological Press

内 容 简 介

全书分为4章。第1章，重点分析飞机、火箭、高炮和烟炉在人工影响天气作业中存在的安全风险隐患，评析国内近年来人工影响天气作业中发生的典型安全事故案例，揭示了人工影响天气的严峻安全形势。第2章，重点探讨安全管理体制和机制创新。第3章，重点研究安全事故分类与等级、安全事故报告要求与内容、安全事故调查、分析和处理以及安全事故应急处置等内容。第4章，着重从标准研制程序、要求、经验等方面，研究与人工影响天气安全管理有关的气象标准研制，以推进人工影响天气安全规范化、标准化和精细化管理。同时，以气象行业标准《人工影响天气作业术语》为例，研究了气象标准的应用效果。

本书既有一定的理论研究，又有一定的实践总结，力求通俗易懂、方便实用，适合人工影响天气等气象工作者和有关院校师生学习参考。

图书在版编目(CIP)数据

人工影响天气安全管理探索 / 郝克俊编著. —
北京：气象出版社，2016.4
ISBN 978-7-5029-6339-2

Ⅰ. ①人… Ⅱ. ①郝… Ⅲ. ①人工影响天气－安全
管理－研究 Ⅳ. ①P48

中国版本图书馆 CIP 数据核字(2016)第 091411 号

Rengong Yingxiang Tianqi Anquan Guanli Tansuo
人工影响天气安全管理探索
郝克俊 编著

出版发行：气象出版社
地　　址：北京市海淀区中关村南大街 46 号　　邮政编码：100081
总 编 室：010-68407112　　发 行 部：010-68409198
网　　址：http://www.qxcbs.com　　E-mail：qxcbs@cma.gov.cn
责任编辑：李太宇　　终　　审：汪勤模
责任校对：王丽梅　　责任技编：赵相宁
封面设计：博雅思企划
印　　刷：北京中新伟业印刷有限公司
开　　本：889 mm×1194 mm　1/32　　印　　张：7.5
字　　数：210 千字
版　　次：2016 年 5 月第 1 版　　印　　次：2016 年 5 月第 1 次印刷
定　　价：40.00 元

本书如存在文字不清、漏印以及缺页、倒页、脱页等，请与本社发行部联系调换。

前　　言

　　每年启动人工影响天气（以下简称人影，但专有名词除外）作业前，四川各地人影部门都要进行岗前培训和操作演练。多年来，我应邀讲授安全事故案例分析、法律法规和作业装备安全操作等内容。特别是 2005 年，凉山州发生重大森林火灾，受单位派遣，我作为车载移动雷达应急工作组成员之一，参加当地灭火应急监测指挥等工作，深感监测现场的艰辛，倍感安全工作的重要，普及安全知识、提高操作技能时不我待。

　　自 2005 年开始，围绕推进四川人影安全工作的规范化、标准化和精细化管理，我先后主研两项气象行业标准和八项气象地方标准，主持或参加多项科研课题，发表论文多篇，起草多项业务管理规章制度和办法。研究工作得到中国气象局、四川省气象局、四川省人工影响天气办公室、四川省质量技术监督局、中国气象局成都高原气象研究所、气象出版社、相关研究团队和人员与家人的大力支持，在此致以由衷的感谢。

　　应用安全管理学等原理分析人影业务现状，如何抓住关键环节，快速有效稳妥地处置安全生产中出现的问题；在研制气象标准时，如何让初次接触标准编写的业务人员，更好地理解并应用规定条款；在基层开展基本业务、安全知识、操作技能等培训时，面对人影从业人员文化素质参差不齐的现状，如何满足他们渴望获得知识的愿望……我认为很有必要以提升人影安全标准化管理水平为中心，进一步深入探究。编写这样一本通俗易懂的书，即是该研究成果的初步尝试。该书既有理论研究，又是实践总结；既力求简洁明白，又尽量方便实用。

本书分为4章：

第1章，重点分析飞机、火箭、高炮和烟炉在人影作业中存在的安全风险隐患，以四川省、市、县各级排查为例，说明人影安全风险客观存在；根据法律法规、技术标准等规定，分类评析国内近年来人影作业中发生的典型安全事故案例，揭示人影工作的严峻安全形势。

第2章，从探索安全管理原则、推进作业安全文化建设、体制创新、机制与方法创新四个方面，重点探讨人影安全管理创新。

第3章，重点研究安全事故应急管理，主要包括安全事故分类与等级、安全事故报告要求及内容、安全事故调查分析、安全事故应急处置等方面。

第4章，着重探讨与人影安全管理有关的气象标准研制对强化安全管理的作用，主要结合标准研制的部分案例，研究了标准研制程序和要求；分享了气象行业标准《人工影响天气作业术语》研制的"要字诀"经验，总结了研制人影安全管理系列技术标准的5条经验；以《人工影响天气作业术语》为例，研究了该标准在四川的应用效果。

此外，本书还汇编了与人影安全管理有关的部分法律法规、气象标准。四川省气象局、高原与盆地暴雨旱涝灾害四川省重点实验室工程师刘志撰写了书中1.1节作业安全风险分析和1.4节安全射界图制作要求，高级工程师王维佳、陈碧辉参加了附录的编写。

　　本稿虽然修改多遍，时至今日，作者心情仍然如履薄冰，担心自己的付出，可能只有春种的辛劳，并无秋收的喜悦。如果读者阅后有一点点的启发，我也就感到欣慰了。

　　由于本人学识水平有限，错误之处在所难免，恳请读者提出批评意见。

郝克俊 *

2016 年 4 月 11 日

---

* 郝克俊，四川省气象局、高原与盆地暴雨旱涝灾害四川省重点实验室高级工程师，四川省社会管理和公共服务标准化技术委员会委员。

目　　录

第1章　人工影响
天气安全形势分析

安全生产是一个永恒的主题。历年来,煤矿透水、列车脱轨、江海沉船、飞机坠毁、卫星发射失败、危险化学物品爆炸等安全事故时有发生,造成不同程度的人员伤亡、财物损失,安全生产形势严峻。安全生产管理,责任重于泰山。

人工影响天气是指为避免或者减轻气象灾害,合理利用气候资源,在适当条件下通过科技手段对局部大气的物理过程进行人为影响,实现增雨(雪)、防雹、消雨、消雾、防霜等目的的活动[1]。它既是一项趋利避害、造福社会的服务事业,又是一项安全风险较大的工作。"十二五"期间,四川省人影作业效益取得45亿元的显著效益,但人影作业面临的安全形势也不用低估。地面人影作业对空发射炮弹或火箭弹,稍有不慎,就会危及空中飞行器、地面人员和财物的安全。飞机在空中实施人影作业,稍有疏忽,就会发生机毁人亡的惨剧。

人影安全管理涉及人员、设备、环境和管理等因素,要充分运用技术、教育、经济、法律和行政等措施,构建全天候全过程的管理机制,有效实施动态监管;要做到规范化和标准化,大力提升精细化管理水平,将安全责任落实到每个人和每个岗位,最大限度降低或避免安全事故,就必须加强人影安全管理探索与研究,这正是我们面临的重大研究课题。

人影作业按使用装备分为飞机、高炮、火箭、烟炉4种类型。

实施人影作业,不仅存在安全风险隐患,而且时有作业安全事故发生。

1.1　作业安全风险分析

人影安全事故的主要诱发因素有人员、设备、环境和管理 4 个方面。根据中国气象局《人工影响天气安全生产风险隐患点排查要求》,以四川人影业务为例进行研究:省级逐项排查飞机作业风险隐患点,市(州)级逐项排查火箭、高炮和烟炉作业风险隐患点,并从作业安全风险隐患发生的严重度和可能性两个方面,分析研究作业安全风险隐患。

在安全风险隐患的严重等级方面,1 级(无影响:对人员、设备无影响),2 级(轻微影响:无人员伤害,设备轻微损坏,不影响正常作业),3 级(较小影响:无人员伤害,设备轻微损坏,需检修维护),4 级(较大影响:人员受轻伤,或设备轻微损坏,需检修维护),5 级(重大影响:人员伤亡或设备报废),6 级(特大影响:人员严重伤亡,设备报废)。其中,6 级为最高风险等级,1 级为最低风险等级。

在安全风险隐患发生的可能性方面,1 级(不可能发生:作业中不可能发生),2 级(几乎不发生:作业中几乎不会发生),3 级(很少发生:作业中可能不会发生),4 级(偶尔发生:在一次作业中有时出现),5 级(可能发生:在一次作业中容易出现,经常发生)和 6 级(经常发生:作业期中几乎经常出现,连续发生)。其中,1 级为最低可能性,6 级为最高可能性。

综合考虑人影风险隐患的严重度和可能性等级,将发生安全事故的风险分为Ⅰ、Ⅱ、Ⅲ、Ⅳ级(见表 1.1),其中Ⅰ级最高,Ⅳ级最低。

表 1.1　人影安全隐患风险等级表

严重度等级	可 能 性 等 级					
	1(不可能发生)	2(几乎不发生)	3(很少发生)	4(偶尔发生)	5(可能发生)	6(经常发生)
1(无影响)	Ⅳ	Ⅳ	Ⅳ	Ⅳ	Ⅳ	Ⅲ
2(轻微的)	Ⅳ	Ⅳ	Ⅲ	Ⅲ	Ⅲ	Ⅱ
3(较小的)	Ⅳ	Ⅲ	Ⅲ	Ⅱ	Ⅱ	Ⅱ
4(较大的)	Ⅳ	Ⅲ	Ⅱ	Ⅱ	Ⅱ	Ⅰ
5(重大的)	Ⅳ	Ⅲ	Ⅱ	Ⅱ	Ⅰ	Ⅰ
6(特大的)	Ⅲ	Ⅱ	Ⅱ	Ⅰ	Ⅰ	Ⅰ

1.1.1　飞机作业风险隐患排查

人影飞机作业风险隐患点共 20 项(见表 1.2),其中设备是否合格、是否通过行业准入许可、是否通过改装适航许可以及设备和催化剂的运输等 4 项风险等级最高。

表 1.2　飞机作业风险隐患防控排查确认表

风险源	序号	风险点	表现形式	已采取防控措施	今后的工作安排
人员5项	1	劳动用工合同	聘用人员未签署劳动用工合同,或合同不规范。	飞机作业人员均为省人影办正式职工。	完善劳动用工合同。
	2	飞机作业安全操作技术能力	不能熟练按照业务规范操作飞机观测、通信、作业等机载设备;安全操作意识不强。	加大人员培训力度,作业人员全员参加培训;培训记录清楚完整。	继续按要求做好岗前培训,完善培训记录。
	3	特种行业人身意外保险	作业人员未购买高空作业等特种行业人身意外保险或购买险种不适合。	按相关规定购买保险。	继续按相关要求购买保险。

风险源	序号	风险点	表现形式	已采取防控措施	今后的工作安排
人员5项	4	个人健康档案	没有作业人员健康档案或未定时进行体检。	每年按相关要求进行体检,并有健康档案。	继续按规定执行。
	5	作业人员进场证件	未办理相关工作场所证件或未及时更换。	均按相关要求办理工作证。	继续执行相关要求。
设备5项	6	设备合格证	飞机或机载人影设备没有使用合格相关证件,未按相关要求维护保养。	飞机托管于第三方公司,省人影办租赁使用。	健全设备合格证档案。
	7	产品有效期	烟条、催化剂等产品超出使用有效期。	严格执行烟条、催化剂使用有效期管理制度,建立健全相关记录。	继续严格执行烟条、催化剂使用制度,按规定报废作业装备。
	8	飞机租赁合同	未签署租赁合同,或合同条款未明确界定双方权责。	按规定签署租赁合同。	继续执行相关要求。
	9	设备行业准入许可	飞机播撒、烟条催化剂等设备未取得业务主管部门使用许可或认定,无法满足作业技术指标要求。	严格执行气象业务主管部门的相关要求,使用经过认证的作业设备。	继续执行相关要求。
	10	设备改装适航许可	使用不符合航空安全技术要求的机载作业、通信、观测设备;飞机改装未取得飞行管理部门适航许可或随意变更改装事项。	严格执行航空业务主管部门的相关要求。	继续执行相关要求。

续表

风险源	序号	风险点	表现形式	已采取防控措施	今后的工作安排
环境6项	11	设备和催化剂存储	无固定存储场所或场所不符合安全管理要求。	严格执行相关规定进行存储。	继续执行相关要求。
	12	设备和催化剂运输	无专用车辆或运输车辆不符合安全管理要求。	严格执行相关规定,采用专车运输。	继续执行相关要求。
	13	飞机作业外场工作环境	无固定场所,通信条件不可靠,无业务终端系统。	租用机场气象台办公室作为固定的外场作业环境,电源稳定,通信条件可靠,建有专用业务系统。	西南区域飞机作业基地33亩,2013年获批建设用地,2015年底启动基建施工。
	14	飞机作业停靠地	不满足人工增雨飞机作业起降或日常停靠安全保障要求。	严格执行航空业务主管部门的相关要求,满足作业需要。	继续执行相关要求。
	15	飞机作业后勤物资	照明、御寒、供氧等后勤物资缺少或不齐备。	照明、御寒、供氧等后勤物资已满足作业需求。	继续执行相关要求。
	16	空地通信系统	未安装人影空地通信系统或系统不稳定。	已安装人影空地通信系统。	继续执行相关要求。
管理4项	17	业务规范(流程)	适合本省业务规范(流程)未细化修订或执行不严格。	严格执行《飞机人工增雨(雪)作业技术规范》。	继续执行现有规定,并适时修订完善。
	18	作业安全管理制度	作业安全管理制度未建立或已建立但不完善。	已建立完善飞机作业安全管理制度。	继续执行并完善相关制度。
	19	事故处理应急预案	无事故处理应急预案或预案不完善。	已建立飞机作业事故应急处理预案。	继续执行并完善相关制度。
	20	作业人员管理制度	无作业人员管理制度或有制度但执行不严格。	有飞机作业人员管理制度并严格执行。	继续执行并完善相关制度。

1.1.2　火箭作业风险隐患排查

人影火箭作业风险隐患点共29项（见表1.3），其中风险等级最高的4项为劳动用工合同、设备合格证、产品有效期和安全射界图。劳动用工合同涉及作业人员合法权益保障；作业设备的合格证、产品有效期，关系到火箭作业安全；环境变化影响安全射界，危及作业区和作业影响区群众的生命财产安全。

表1.3　火箭作业风险隐患防控排查确认表

风险源	序号	风险点	表现形式	已采取防控措施	今后的工作安排
人员4项	1	劳动用工合同	聘用人员未签署劳动用工合同，或签订合同不规范。	火箭作业人员均为气象部门的在编正式职工。	完善劳动用工合同。
	2	安全操作技术能力	未熟练掌握作业操作规范，未按规定足额配置作业人员，培训记录不完善。	每年作业前均组织岗前培训和操作演练，按规定人数配备作业人员。	坚持岗前培训和操作演练制度，加大培训力度。
	3	作业人员	作业人员不符合人影从业基本要求；未将作业人员有关信息抄送当地公安机关备案或备案信息不完整。	作业人员符合从业要求，部分市（州）未将更新的作业人员有关信息抄送当地公安机关备案或备案信息不完整。	按要求及时向公安机关备案作业人员有关信息。
	4	特种行业人身意外保险	作业人员未购买相应的人身意外保险或购买险种不适合。	人身意外保险，绝大多数已购买，极少数未争取到经费未购买。	继续执行购买保险和年度身体健康检查规定；未购买的立即购买人身意外保险。

续表

风险源	序号	风险点	表现形式	已采取防控措施	今后的工作安排
设备4项	5	设备合格证	火箭发射装置和弹药没有使用合格相关证件,未按相关要求开展维护保养和年检,相关记录不完善。	购买合格的火箭发射装置和弹药,定期开展相关设备安全检查和维护保养,并建立完善相关记录。	严格坚持作业装置和弹药统一订购、作业装置维护保养,逐步淘汰不合格的老旧装备。
	6	设备行业准入许可	火箭作业系统未取得业务主管部门使用许可或认定,无法满足作业技术指标要求。	严格执行气象业务主管部门相关要求,使用经过认证的作业设备。	继续按规定要求执行。
	7	产品有效期	火箭作业系统超出使用有效期,未按规定报废。	严格执行火箭作业系统有效期使用管理制度,健全相关记录。弹药定期检查,及时报废。	继续执行火箭作业系统使用管理制度,定期更新或报废。杜绝使用过期弹药。
	8	故障弹、过期弹处置	未按规定处置故障弹、过期弹。	出现故障弹、过期弹,及时封存、分类存放,并由具备销毁资质的单位统一处置。	定期清理,杜绝出现过期弹。故障弹、过期弹由省人影办统一处理。
环境12项	9	固定火箭作业点建设	火箭作业点未按相关标准建设或建设未达到标准要求。	固定火箭作业点均符合标准化建设要求。	火箭作业点按标准化要求建设。
	10	流动火箭作业点建设	流动作业点建设管理未按规定设置或标识预设阵地。	未标识预设阵地。	完善建设标准,按规定设置或标示预设阵地,作业期间不定期检查。

续表

风险源	序号	风险点	表现形式	已采取防控措施	今后的工作安排
环境12项	11	火箭作业系统存储	无固定存储场所或场所不符合安全管理要求;在非作业期,火箭弹不按规定集中在县级以上库房统一存储。	建有专门的弹药库房,大部分弹药库房配有弹药防爆储存柜。非作业期,火箭弹集中到县级以上统一存储。	争取经费,积极整改,建设或租用合格的存储库房,不断完善安防监控设施。
	12	火箭作业系统运输	无专用车辆,或运输车辆不符合安全管理要求,或不按规定由专人押运。	火箭作业系统由具有资质的车辆运输,且有专人押运。办理准运证困难较大。	积极争取地方政府支持,配备或租用有资质的专业车辆运输。
	13	安全射界图	安全射界图未按相关标准制作或未及时更新,未按安全射界标识开展作业。	安全射界图及时更新,严格按安全射界标识开展作业。	及时更新安全射界图,按规定要求实施作业。
	14	作业公告	未按规定发布作业公告或公告信息不完整、不规范。	每年在电视、报纸、网络上发布作业公告,在作业点及其所在村社广泛张贴。	完善作业公告发布管理制度并严格执行,继续做好作业公告和宣传。
	15	安全警示标识	作业场地无安全警戒区域;作业单位未按规定设有安全警示标识和名称标识牌。	部分流动作业点作业时由作业人员现场警戒,没有设置安全警示标识。	完善安全警示标识标牌设置。
	16	通信设备	未建立可靠通信设施设备,未按规定保持通信畅通。	按规定保持通信畅通。部分市(州)配有专门对讲机。	保持通信畅通,拟逐步配备专用通信设备。
	17	雷电(静电)防护	未按规定建设火箭作业点雷电(静电)防护设施或建设标准不符合要求。	固定作业点均建有雷电防护设施,流动作业点未建雷电(静电)防护设施。	按技术规范建好火箭作业点雷电防护设施。

续表

风险源	序号	风险点	表现形式	已采取防控措施	今后的工作安排
环境12项	18	数据采集与实景监控	未按规定建设火箭作业数据采集与实景监控系统。	建设部分作业前端信息系统,有实景监控功能。西南人影业务平台移动端 APP 有数据采集功能。	逐步健全作业数据采集与实景监控系统。
	19	流动作业车辆	未按规定驾驶人影作业牵引车辆;未按规定运载火箭弹或办理相关手续。	严格按规定驾驶人影火箭作业车,办理运载手续,完善相关记录。	坚持按规定驾驶火箭作业车,办理运载相关手续,完善相关记录。
	20	劳动保护	作业点没有为作业人员配备或及时更新劳动保护用具。	为作业人员配备有雨衣、雨靴、电筒等劳动保护用具。	定期更新、添置劳动保护用具。
管理9项	21	作业单位资质	作业单位未取得资质证,或资质证超出有效期范围。	全省所有作业单位均按规定取得作业组织资质证。	新增作业组织资格严格把关,严格审核有效期。
	22	作业空域	不按规定申请作业空域,或不在申请时限内作业,未建立人影对空射击空域信息化管理系统。	严格按规定申请作业空域,并在批准的时限内作业。按中国气象局要求建设人影对空射击空域信息化管理系统。	按中国气象局要求建立覆盖作业终端的人影作业空域申报批复系统。
	23	业务规范(流程)	未细化适合本地的火箭人工增雨(雪)业务规范(流程),或有规范但未严格执行。	有适合本省火箭人工增雨(雪)作业的标准,并严格执行,且强化监督检查。	进一步完善作业流程,继续严格执行作业规范和操作流程。

风险源	序号	风险点	表现形式	已采取防控措施	今后的工作安排
管理9项	24	事故处理应急预案	无事故处理应急预案或预案不完善。	建立多部门联动的火箭作业安全事故应急预案,定期演练,完善相关内容。	细化作业安全事故应急预案,强化操作演练,有序处理突发事件。
	25	公众责任险	没有购买公众责任险。	暂未购买公众责任险。	积极争取地方政府纳入财政预算,落实资金购买公众责任险。
	26	作业记录	没有严格执行作业规范,或作业记录不完整。	严格执行作业规范,作业记录较规范完整。	严格执行业务规范,完善作业记录。
	27	档案管理	没有建立档案管理制度;人影档案建立不完整。	严格执行档案管理制度,健全各类人影档案。	完善人影档案管理制度,健全人影档案记录。
	28	安全检查	未建立人影安全检查制度,未按人影安全检查管理办法监管人影安全。	完善人影安全检查制度,定期或不定期开展人影安全检查,发现隐患,及时整改。	强化安全检查措施,增加巡视督查,确保隐患整改及时、彻底有效。
	29	安全责任书	没有与地方政府签订人影安全责任书。	21个地市(州)气象部门与地方政府签订了安全责任书。	加强与地方政府协调,完善责任书内容,明确各级安全责任。

1.1.3　高炮作业风险隐患排查

人影高炮作业风险隐患点共 29 项(见表 1.4),其中劳动用工合同、人员流动性大、高炮维护保养、炮弹有效期、安全射界图和高炮放列等 6 项风险等级最高。劳动用工合同、人员流动性大涉及作业熟练程度、作业人员合法权益保障;高炮保养维护、炮弹有效期影响安全性能;安全射界图威胁作业影响区群众生命和财产安,高炮放列(高炮从非作业模式转变为作业模式)危及作业区和作业影响区人员生命和财产安全等问题。

表 1.4　高炮作业风险隐患防控排查确认表

风险源	序号	风险点	表现形式	已采取防控措施	今后的工作安排
人员5项	1	劳动用工合同	聘用人员未签署劳动用工合同或签订合同不规范。	绝大多数作业人员签订劳动用工合同,极少数未签订。	协调基层地方政府与作业人员签订劳动合同。
	2	安全操作技术能力	未熟练掌握作业操作规范,未按规定足额配置作业人员,培训记录不完善。	每个高炮作业点 4人,至少有 1 名操作熟练,每年作业前培训演练,平时加强技能训练。	平时加强学习培训,人员变动后及时补充,培训合格后参加作业。
	3	作业人员条件	作业人员不符合人影从业基本要求;未将作业人员有关信息抄送当地公安机关备案或备案信息不完整。	作业人员符合要求,部分新增、变动的作业人员信息暂未抄送当地公安机关备案。	严格审查新增作业人员,尽快将作业人员信息报当地公安机关备案。
	4	特种行业人身意外保险	作业人员未购买相应的人身意外保险或购买险种不适合。	已购买人身意外保险,部分人员 2015 年未争取到购买经费。	积极落实经费,购买作业人员保险。

续表

风险源	序号	风险点	表现形式	已采取防控措施	今后的工作安排
人员 5项	5	人员流动性大	待遇过低、国家无相应的岗位、技术等级划分。	积极争取地方财政经费支持,不断提高基层作业人员待遇。	积极争取将作业人员待遇纳入县乡两级财政预算,确保作业队伍稳定。
设备 4项	6	高炮维护保养	未按相关要求开展高炮维护保养和年检,相关记录不完善。	按规定开展高炮年检和日常保养维护,作业期间随时保持作战状态。	作业前完成高炮年检,作业期间定期保养维护,进一步完善相关记录。
	7	炮弹行业准入许可	炮弹未取得业务主管部门使用许可或认定,无法满足作业技术指标要求。	按中国气象局要求,省人影办统一订购取得使用许可的炮弹。	严格统一订购,严禁擅自购买,加强使用督查。
	8	炮弹有效期	炮弹超出使用有效期,未按规定报废过期炮弹。	定期检查库存弹药有效期,统一销毁不符合要求的弹药。	严格督促各地加强弹药管理,拒绝使用过期弹。
	9	故障弹、过期弹处置	未按规定处置故障弹、过期弹。	故障弹、过期弹分别封存,由省人影统一协调厂家销毁。	加大监管处置力度,杜绝出现过期弹。
环境 11项	10	高炮作业点建设	未按相关标准建设高炮作业点或建设未达标准要求。	新建高炮作业点均按标准化要求建设,部分老作业点整改基本达标,个别作业点因当地经费困难未达标。	争取经费,大力推进作业点标准化建设。
	11	高炮和炮弹存储	无固定存储场所或场所不符合安全管理要求;非作业期不按规定将炮弹集中统一存储在县级以上弹药库。	高炮和炮弹有专用库房储存,大多数库房有弹药防爆储存柜。非作业期间,炮弹集中在县级以上弹药库存储。	积极争取经费整改,尽量为各高炮作业点配备弹药防爆储存柜。

续表

风险源	序号	风险点	表现形式	已采取防控措施	今后的工作安排
环境 11 项	12	高炮和炮弹运输	无专用车辆或运输车辆不符合安全管理要求,或不按规定由专人押运。	有专用车辆并由专人押运,但准运证办理困难较大。	严格执行安全管理规定,作业期间加强运输安全监督和检查。
	13	安全射界图	安全射界图未按相关标准制作或未及时更新,未按安全射界标识开展作业。	按规定制作安全射界图,严格按安全射界图标识实施作业。	及时了解作业区内环境变化,更新安全射界图。
	14	作业公告	作业公告未按规定发布或公告信息不完整、不规范。	作业前,各地按规定及时发布作业公告,内容完整规范。	完善公告内容,创新宣传形式,增强宣传效果。
	15	安全警示标识	作业场地无安全警戒区域;作业单位未按规定设有安全警示标识和名称标识牌。	按规定设置高炮作业点安全警示标识和标牌。	及时增加和更新作业点警示标识和标牌。
	16	通信设备	未建立可靠通信设施设备,未按规定保持通信畅通。	严格按规定选建作业点,通信设备可靠,确保通信畅通。	加大检查力度,保证设施设备完好、通信畅通。
	17	雷电防护	未按规定建设高炮作业点雷电防护设施或建设标准不符合要求。	高炮作业点雷电(静电)防护设施符合要求。	定期检查维护雷电(静电)防护设施。
	18	数据采集与实景监控	未按规定建设高炮作业数据采集与实景监控系统。	部分市(州)配有数据采集与实景监控系统。部分作业点正在筹备安装监控设施。	加大经费投入,逐步建立作业点全覆盖的数据采集与实景监控系统。

风险源	序号	风险点	表现形式	已采取防控措施	今后的工作安排
环境11项	19	高炮放列	不按操作规程放列。	严格按规定放列。	细化操作流程，加强操作细节督查。
	20	劳动保护	作业点未为作业人员配备或及时更新劳动保护用具。	已配备劳动保护用品。	及时更新、添置劳动保护用品。
管理9项	21	作业单位资质	作业单位未取得资质证，或资质证超出有效期范围。	作业单位均按规定取得作业组织资质证，未超出有效期。	严格审核作业资质，加强使用有效期检查。
	22	作业空域	不按空域申请规定申请作业空域，或不在申请空域时限内作业，未建立人影对空射击空域信息化管理系统。	严格在空管批准的作业时限内作业。因经费、通信、系统开发等原因，未建立人影对空射击空域信息化管理系统。	完善空域申报制度。按中国气象局要求，争取经费，建立对空射击空域信息化管理系统。
	23	业务规范（流程）	适合本地的高炮人工增雨（雪）业务规范（流程）未细化，或未严格执行。	按要求细化并严格执行四川省高炮人工增雨（雪）作业业务规范（流程）。	完善作业规范流程，加强作业安全监督检查，提高作业效益。
	24	事故处理应急预案	无事故处理应急预案或预案不完善。	已制定安全事故应急处理预案，正在制订事故调查流程。	进一步完善预案，争取尽早颁布气象地方标准。
	25	公众责任险	未购买公众责任险。	部分地区未购买公众责任险。	积极经费，尽快购买公众责任险。
	26	作业记录	未严格执行作业规范或作业记录不完整。	严格执行作业规范，作业记录较规范完整。	严格执行作业记录规定，记录清楚完整。

续表

风险源	序号	风险点	表现形式	已采取防控措施	今后的工作安排
管理9项	27	档案管理	未建立档案管理制度,人影档案建立不完整。	健全档案管理制度,部分人影档案记录简单。	严格执行档案管理制度,完善各类档案记录。
	28	安全检查	未建立人影安全检查制度,未按安全检查管理办法监管人影安全。	建有人影安全检查制度,按安全检查管理办法有效监管人影安全,消除安全隐患。	完善检查制度,增加检查措施,增加检查频次,总结检查效果。
	29	安全责任书	未与地方政府签订人影安全责任书。	21个地市(州)气象部门与地方政府签订了安全责任书。	加强与地方政府协调,完善责任书内容,明确各级安全责任。

1.1.4   烟炉作业风险隐患排查

人影烟炉作业风险隐患点共14项(见表1.5),其中设备行业准入许可和烟条运输风险等级最高,前者涉及烟炉作业安全问题,后者关系安全问题。

表 1.5   烟炉作业风险隐患防控排查确认表

风险源	序号	风险点	表现形式	已采取防控措施	今后的工作安排
人员2项	1	安全操作技术能力	未熟练掌握作业操作规范,未按规定足额配置作业人员,培训记录不完善。	熟练掌握作业操作规范,按规定足额配置作业人员,培训记录完整。	强化培训工作,出现人员变动,及时补充培训,合格方可作业。
	2	作业人员条件	作业人员不符合人影从业基本要求。	作业人员为气象部门在编职工,符合人影从业基本要求。	严格审核新增作业人员,合格方能作业。

续表

风险源	序号	风险点	表现形式	已采取防控措施	今后的工作安排
设备3项	3	设备合格证	烟炉和烟条无使用合格相关证件，未按要求开展维护保养和年检，记录不完善。	设备全部具有合格证，按要求年检和维护保养，记录完整。	严格执行规定，保持记录完整。
	4	设备行业准入许可	烟炉和烟条未取得业务主管部门使用许可或认定，无法满足作业技术指标要求。	烟炉和烟条取得业务主管部门使用许可，能满足作业技术指标要求。	严格执行相关规定。
	5	产品有效期	烟炉和烟条超出使用有效期，未按规定报废作业设备。	烟炉和烟条在有效期范围使用，由具有资质的单位报废。	严格执行相关规定。
环境5项	6	烟炉作业点建设	尚未建立烟炉作业点建设相关标准。	刚开始引进，未建立烟炉作业点建设相关标准。	建立完善相关标准并严格执行。
	7	烟条存储	无固定存储场所或场所不符合安全管理要求。	有固定场所存储烟条。	争取经费，建设或租用合格存储场所。
	8	烟条运输	无专用车辆或运输车辆不符合安全管理要求。	有专用车辆运输烟条。	使用或租用专用车辆运输。
	9	安全警示标识	作业场地没有安全警戒区域。	作业场地设有安全警示标识。	严格执行相关规定。
	10	远程控制与实景监控	烟炉作业远程控制与实景监控系统信号不稳定。	有远程控制系统。实景监控系统不完善。	完善实景监控系统。
管理4项	11	业务规范（流程）	适合本省业务规范（流程）未细化修订或执行不严格。	有适合本省实际情况的业务规范（流程），并严格执行。	完善规范流程，强化监督检查。
	12	作业安全管理制度	未建立作业安全管理制度或制度不完善。	建有作业安全管理制度。	完善安全检查制度，加大安全监管力度。

续表

风险源	序号	风险点	表现形式	已采取防控措施	今后的工作安排
管理4项	13	事故处理应急预案	无事故处理应急预案或预案不完善。	有事故处理应急预案。	完善事故处理应急预案,强化实战演练。
	14	作业人员管理制度	无作业人员管理制度或有制度但执行不严格。	建立并严格执行作业人员管理制度。	完善作业人员管理制度,加强监督检查。

1.1.5　安全风险隐患分析排查结论

省、市、县级分别有 1、21 和 152 个单位开展风险隐患排查。飞机、火箭、高炮、烟炉 4 类作业设备 92 项作业风险隐患点的风险分布为:Ⅰ级 0 项、Ⅱ级 9 项、Ⅲ级 3 项、Ⅳ级 0 项(见表 1.6),这说明人影安全作业风险客观存在。同时,也可从中窥见一斑。

表 1.6　人工影响天气安全生产风险隐患点排查确认总表

作业类别	风险源	风险隐患排查情况						风险隐患整改情况					
		潜在风险隐患点(项)			已排查风险隐患点(项)			已整改风险隐患点(项)			限期整改风险隐患点(项)		
		省级	市级	县级	省级	市级	县级	省级	市级	县级	省级	市级	县级
飞机	人员	5			5								
	设备	5			5								
	环境	6			6								
	管理	4			4								
火箭	人员		8	78		13	66		3	8		5	45
	设备		7	67		15	33		5	8		2	5
	环境		5	225		31	636		3	17		2	115
	管理		20	157		30	409		7	15		6	56

续表

作业类别	风险源	风险隐患排查情况						风险隐患整改情况					
		潜在风险隐患点(项)			已排查风险隐患点(项)			已整改风险隐患点(项)			限期整改风险隐患点(项)		
		省级	市级	县级	省级	市级	县级	省级	市级	县级	省级	市级	县级
高炮	人员		7	32		10	48		4	16		3	14
	设备		5	13		9	29		5	9		0	0
	环境		4	51		14	78		3	14		1	26
	管理		11	39		19	66		9	15		2	17
烟炉	人员					2							
	设备					3							
	环境		7				35						7
	管理					4							

1.2　作业安全事故评析

评析部分高炮、火箭人影作业典型事故案例,有助于认清人影作业面临的安全形势[2]。

1.2.1　违规排除装备故障

《中华人民共和国气象法》(以下简称《气象法》)[3]第六条规定,"从事气象业务活动,应当遵守国家制定的气象技术标准、规范和规程"。《人工影响天气管理条例[4]》(以下简称《人影条例》)第十二条规定,"实施人工影响天气作业,必须在批准的空域和作业时限内,严格按照国务院气象主管机构规定的作业规范和操作规程进行,并接受县级以上地方气象主管机构的指挥、管理和监督,确保作业安全"。中国气象局《人工影响天气安全管理规定[5]》(以下简称《安全管理规定》)第九条规定,"作业指挥人员和作业人员应遵守作业规程和业务规范,按照作业装备的使用方法和程序进行操作、排除故障,禁止违规操作"。多年来,一些从业人员对此并未引起足够重视,违反这些规定的现象屡见不鲜。

(1)哑弹滞留膛内爆炸

【案例】2000 年×月×日 15 时,×乡作业点实施高炮防雹作业,发射炮弹 13 发。该作业点负责人在作业完毕后,安排 3 名作业人员清理弹壳和擦炮。在清理弹壳时,他们发现少了 1 个弹壳,认为可能是当时在那里避雨的某个石匠拿走,未意识到出现哑弹,且处于击发状态的哑弹还滞留在炮膛内。当作业人员唐×直接用捅炮杆通擦高炮身管时,导致膛内那发炮弹的底火被击发,1 名作业人员和 1 名围观群众死亡,1 名作业人员受伤。

【评析】作业人员违反气象行业标准《人工影响天气作业用 37 mm 高炮安全操作规范[6]（QX/T165－2012）》(以下简称《气象行标:37 高炮操作规范》)中关于压弹机和输弹机内不得留有炮弹、退弹过程中人员不能站在炮口前方、作业时无关人员不得进入作业区围观等相关规定。

(2)击发状态排除故障

【案例】2002 年×月×日 14 时 43 分,×县×村作业点实施高炮作业,第 67 发炮弹击发未响。作业班长张××、作业人员董××误判为第 66 发"弹壳"未出膛,在未解除高炮击发状态时,将高炮身管升至 85°,想让"弹壳"自行滑出未果,又将身管落平。张××站在高炮身管右前方,用洗把杆从身管前往后连捅两下,左身管内的"弹壳"("弹壳"实际上为实弹)未捅出,当他捅到第三下时,膛内炮弹被击发,将洗把杆击出。张××被洗把杆击中,经抢救无效死亡。

【评析】《气象行标:37 高炮操作规范》规定,"退弹前要将高炮转到安全射向,射角打到约 45°",但作业人员张××在没有解除高炮击发状态的前提下,违规将高炮身管升至 85°,以处理炮弹卡膛故障。按照规定作业人员须培训合格后方可上岗作业,但包括死者在内的作业人员只现场培训了 1 天,对高炮操作不够熟练,对有关法规规定、基本专业知识缺乏了解。

(3)拉握把致哑弹击发

【案例】2005 年×月×日 0 时 44—46 分,××镇作业点开展高炮防雹作业,发射炮弹 14 发,作业后只找到 13 发弹壳,到第二天清晨 7 时 10 分,仍未找到第 14 发弹壳。作业班长肖××和作业人员匡××下掉退弹壳、打低身管,准备再寻找弹壳时,肖××拉动握把,致使留在膛内的 1 发炮弹被击发,站在身管前的匡××被当场炸死,1 名群众的臀部和小腿被弹片击伤。

【评析】作业人员违反《气象行标:37 高炮操作规范》关于“射击中对底火瞎火弹的处理方法”的规定,在核对弹壳、查找炮弹时,违规将身管打平,且未将身管打高即拉握把;在缺少弹壳、有存在哑弹可能时,作业人员违规搬弄炮械、在炮口前方移动;作业点距离居民区不足 500 米,不符合技术规范。

(4)药室高温哑弹膛炸

【案例】2005 年×月×日 17 时,×镇作业点高炮防雹作业,当发射到 130 发炮弹时,高炮左右身管都出现故障。左身管故障排除后,右身管内留有 1 发炮弹。副班长×××上炮盘侧身前倾准备排除右身管故障时,炮膛内的炮弹发生爆炸(此时离发生故障约 5 分钟),高炮被炸坏,副班长×××被一块弹片击中身亡。

【评析】该事故违反操作规程。爆炸前,由于炮闩未完全封闭炮膛,使炮弹火药气体一方面推弹丸向前,另一方面后泄撑爆弹底缘。发射大量炮弹、身管温度过高,出现楔膛故障时,按照排障规程,应在 1 分至 1 分 30 秒内处理完毕。若炮弹在 1 分 30 秒内没有退出炮膛,作业人员应迅速抬高高炮身 45°以上、停止工作、远离高炮,待高炮炮膛完全冷却后再排除故障,以防炮膛过热引起炮弹自燃爆炸发生伤人事故。

【类似案例】2001 年×月×日,×地作业点炮弹出现卡膛,作业人员撤离,等待 15 分钟后,当准备继续排除哑弹时,药室内炮弹因高温自燃爆炸,使 1 名作业人员头颅受重伤。

(5)清擦拆卸哑弹爆炸

【案例】2009 年×月×日 16 时 30 分,×作业点出炮前,4 名作业人员用训练弹试炮。装填第 2 发训练弹未能正常发射,作业人员初步判断为哑弹。等待约 2 分钟后,将身管打平,准备排除哑弹。作业人员涂××、吴××在炮前连接洗把杆,准备擦拭身管;另外 2 人在炮后拆卸装填机,在拆除左管装填机后挡板下螺栓后,正在拆除上螺栓时,膛内训练弹爆炸,造成炮前吴××、涂××双臂受伤而均被截肢。

【链接】训练弹与实弹结构类似、一样发射,主要区别在于弹头改为含铁粉的特殊材料,发射后在出炮口近距离内粉碎,对附近不造成杀伤,军队和民兵多年用此训练,从未出现安全事故。

【评析】作业人员在处理第 2 发训练弹时有 4 处违规操作。(1)37 mm 高炮身管仰角放在 10°。(2)实弹在膛时,炮口前有 2 名作业人员连接洗把杆。(3)卸下左侧退弹筒和装填机螺丝,此部分与处理卡弹故障无关。(4)作业人员可能从炮口用洗把杆向后捅膛内炮弹。此外,4 名作业人员为 2008 年培训后参加作业,未熟练掌握高炮结构、操作规程、安全注意事项等应知应会知识和技能。

1.2.2　弹药库房管理混乱

《人影条例》规定,"实施人工影响天气作业使用的炮弹、火箭弹,由军队、当地人民武装部协助存储"《安全管理规定》要求,"人雨弹、火箭弹等必须存放于弹药库中,禁止与其他易燃、易爆等危险品共同存放""在非作业期间,人雨弹、火箭弹应当由县级以上气象主管机构统一组织清点回收,由军队、当地人民武装部协助存储,作业站点禁止存放。对于自建仓库保管的,应经当地公安机关验收认可",但一些单位或个人却无视管理规定,出现安全事故。

（1）无人值守炮弹被盗

【案例】×县园艺场内设有1个作业点，2001年作业期结束后作业点无人看管守护，炮库大门敞开，导致93发炮弹被盗。后来，在附近农田找回了10发，另有83发下落不明。

【评析】该案例反映出3个问题：（1）违反了《安全管理规定》，在非作业期间作业点擅自存放炮弹；（2）农场管理混乱，安全责任未落实到人，导致无人看守库房；（3）管理部门督查不到位。

（2）门锁被撬炮弹丢失

【案例】2004年×月24日晚，×县城关作业点无人值守，炮弹库房被撬，丢失炮弹67发。案发后，公安部门高度重视，直至7月17日，才找回被盗炮弹。

【评析】（1）《安全管理规定》要求，作业期结束后，作业点不能存放弹药，应上交市级人影办集中存放到符合规定的库房；（2）作业点临时炮弹库房应配防盗门窗、监控设备等，且必须有人值守；（3）管理有疏漏，作业人员间未做好交接手续。

【类似案例】2007年，某地一农场武装部库房门上挂锁被撬，丢失数发炮弹，后经公安部门侦破后找回。

（3）实弹当教练弹使用

【案例】2006年×月×日，因高炮联动检查需要，××区气象局职工甲××、乙××误将与教练弹混放在一起的1发掉弹（实弹）作为教练弹送到年检现场，市人影办年检员在将教练弹装入装填机内联动检查时，炮弹射入3米外一居民家中爆炸，造成直接经济损失数千余元。

【评析】（1）此次事故属责任性安全事故。一是×区人影办违规将去年作业中产生的掉弹与教练弹混放。二是库房保管员责任心不强，忘记了教练弹中混放了1发真弹，取弹时也未认真检查识别，就直接送到年检现场。三是现场年检人员装填时忽略识别区分教练弹和实弹的细节，且现场领导也负有不可推卸的责任。（2）一些基层工作人员安全意识淡薄,工作中仍然存在安全隐患。(3)弹药存储时,教练弹和实弹(掉弹)、故障弹不能混装存放,应详细登记,分别存放。(4)高炮联动需用教练弹检测时,库房保管和检测人员应分别识别确认后方可使用,使用后教练弹应放回原处。

【类似案例】2006 年×月×日,×县气象局副局长×××、职工××等人开展火箭人工增雨作业演练时,××误将原已卸下的实弹当作教练弹装进发射架通道内。此时,×××正在聚精会神地讲解,并示范如何操作发射控制器,在按下发射按钮前,未注意到××装完火箭弹还站在火箭弹尾翼后方,致使该同志被发射时产生的火焰冲击烧伤。

1.2.3　宣传不力引发事故

《人影条例》规定,"实施人工影响天气作业,作业地的气象主管机构应当根据具体情况提前公告,并通知当地公安机关做好安全保卫工作",但一些地区或部门作业前宣传不力,从而出现事故。

(1)违规操作致人伤亡

【案例】2006 年×月 21 日,×镇×作业点由镇财政所长临时组织实施高炮作业,他们告知群众作业危险,不要围观。作业时压弹10 发,发射炮弹 4 发。作业后核对弹壳,发现少了 1 发炮弹,立即查找。打低高炮身管后,作业人员陈×发现膛内有故障弹,并用洗把杆从炮口处捅了两三下炮弹。作业人员冉×转身驱散围观群众,将离得最近的冉××向远处推离之后,侧身用右手持洗把杆从炮口处捅炮弹。此时,另一作业人员在炮后喊"退弹要拉握把",并可能拉动握把(事后因现场破坏,调查未能确定)。冉×捅了两三下,炮弹被击发。洗把杆打断冉×的右手,又致冉××当场死亡。

【评析】在作业前,该作业点和所属县气象局未能充分发布作业公告,通过各种渠道广泛宣传,告知群众高炮作业可能产生的危险,知道应该注意哪些安全问题,这是引起围观群众 1 人死亡的原因之一。

(2)敲锯弹头使人受伤

【案例】2007 年 8 月 13 日 17 时 30 分,×县×乡村民在搬运石头建房过程中,发现 1 枚未爆火箭弹,当时并未引起重视,当继续翻动石头时,火箭弹弹头突然发生爆炸,造成 4 人受伤。

【评析】该事故与当地未严格落实作业公告制度有直接关系。气象部门没有广泛公告,宣传教育不力,未尽到告知义务。作业影响区群众不知道发现故障火箭弹后如何处理,不知道它存在爆炸危险并可能造成严重后果。过去,曾有群众不顾火箭弹上印有的危险警告,擅自锯割敲打改作它用,造成人员伤亡。

1.2.4　违规使用过期炮弹

【案例】2002 年 8 月×日,×作业点作业时,作业人员擅自使用县人影办已封存的过期炮弹,其中 1 发弹头未炸,导致村民房屋损坏。

【评析】《人影条例》规定,禁止"使用年检不合格、超过有效期或者报废的人工影响天气作业设备"、《安全管理规定》要求,"禁止使用超过保存期和有破损的人雨弹、火箭弹",该案例说明作业人员法律意识淡薄、守法自觉性差。

1.2.5　作业点设置不规范

《人影条例》规定,"人工影响天气的作业地点,由省、自治区、直辖市气象主管机构根据当地气候特点、地理条件,依照《中华人民共和国民用航空法》、《中华人民共和国飞行基本规则》的有关规定,会同有关飞行管制部门确定"、《安全管理规定》要求,"经批准的作业站点,必须调查和掌握高炮、火箭射程范围内的城镇、厂矿企业、村庄等人口稠密区的分布情况,绘制安全射界图。作业时,高炮、火箭的发射方向和角度应避开上述地点,减少意外事故的发生",但仍然出现有的作业点设置不当或作业发射方位不当,从而导致作业安全事故。

(1)故障弹落医院病房

【案例】2001 年×月×日,××市在距市区直线距离约 8000 米处实施火箭人工增雪时,有 2 枚火箭弹发射后降落伞脱落,残骸落入某医学院。其中,1 枚火箭弹落入 1 间病房,导致 1 位住院病人的脸部、手腕被轻微划伤。

【类似案情】2000 年×月×日,××县在实施人工防雹作业时,有 1 发炮弹落在县城环城路上爆炸,造成 1 人死亡、2 人重伤、2 人轻伤和部分建筑物损坏。

【评析】该事故与作业组织未严格按规定选择作业点有关。火箭作业时,发射方位和仰角应适当,当发射仰角为 55°时,如降落伞发生故障,其最大水平射程为 9000 米,且禁射区应避开市区方向。

(2)炮弹掉进社区爆炸

【案例】2008 年×月×日 18 时 03 分,距离约 9400 米外的×作业点,作业时炮弹弹丸在空中未炸,有 1 发炮弹在××市×社区中达路中段落地爆炸,导致 7 名群众受伤。

【评析】该作业点使用不规范的安全射界图,以作业点为中心仅在 5000 米半径内标注射界图,没有标注 5000 米之外的地面重要目标分布情况。作业发射炮弹时,未能避开落地爆炸点所在区域。

1.2.6　违法倒卖作业炮弹

【案例】2002 年×月×日,××县气象局局长白××擅自倒卖 37 mm 炮弹 3600 发,并用汽车将炮弹送到××市曾××个人处,曾××将其藏于××镇农户家中等待买主。后来被农户举报,镇派出所扣押炮弹、收审了曾××。事发地市公安局没收了××县气象局违法倒卖炮弹款 12.65 万元。

【评析】白××触犯《中华人民共和国刑法》第一百二十五条刑

律,违反《人影条例》第十八条关于禁止"将人工影响天气作业设备转让给非人工影响天气作业单位或者个人"的规定,擅自非法将 3600 发炮弹卖给××省××市曾××个人。

1.2.7　运输不慎丢失弹药

《人影条例》规定,"运输、存储人工影响天气作业使用的高射炮、火箭发射装置、炮弹、火箭弹,应当遵守国家有关武器装备、爆炸物品管理的法律、法规。实施人工影响天气作业使用的炮弹、火箭弹,由军队、当地人民武装部协助存储;需要调运的,由有关部门依照国家有关武器装备、爆炸物品管理的法律、法规的规定办理手续",但具体实施时,有一些单位却屡屡违反规定。

【案例 1】2004 年×月×日,××县气象局用农用车运送炮弹,不慎遗失 1 箱。有关部门连夜出动上百人,于次日上午找回。公安部门认为运输、押运人员违反"爆炸物品管理规定",需作治安处罚。

【案例 2】2004 年×月×日 8 时左右,×县人影办主任黄×与司机一起驾驶皮卡车前往该县另外 2 个作业点拉炮弹,途中丢失 1 箱共 15 发炮弹。后经公安、检察、交通、广电等部门通力配合,炮弹于丢后第 4 天找回。

【案例 3】2007 年×月×日,×市用皮卡车运送 15 箱火箭弹,因绑扎不牢,途中又修车,丢失 6 枚火箭弹。有关部门动用大量人力物力,还在电视上发布查找公告,最终找回。

【评析】弹药运输应用专用封闭式车辆。皮卡车或农用车运输,装箱码垛过高,绑扎又不牢,容易出现遗失。运输和押运人员必须经公安部门培训合格,取得相应的资格证。案例中的运输、押运人员,或是农民,或是作业人员,麻痹大意,警觉性不高,农用车噪声大,有一段路正在重修,路面高低不平,炮弹被颠簸下来都不知道,幸被后车人员捡到,避免了事态扩大。

分析以上安全风险隐患和案例可以看出,人影安全形势严峻,研究并创新人影安全管理机制刻不容缓。

1.3   如何设置作业点

作业点是用于地面实施人工影响天气作业的地点,它分为固定作业点、流动作业点和临时作业点[7],其设置要求和流程如下:

1.3.1   场地选址

1. 通用要求

(1)遵守法律法规规定,适应当地经济社会发展需求;

(2)根据当地气候规律,作业地点宜选在抗旱增雨等作业影响区的上风方;

(3)高炮、火箭作业点分别距居民区不小于 500 米、100 米;

(4)作业点应交通方便、通信畅通、满足安全射界或安全作业的要求;

(5)地面发生器应选在空气容易抬升的地点。

2. 作业点要求

(1)建有实体围墙、值班室、休息室、装备库、弹药库和作业平台;

(2)设有防雷、消防、安防和通信设施;

(3)值班室内张贴常用制度、作业流程和安全射界图等;

(4)作业平台平整硬化,禁射标志醒目。

3. 高炮和火箭流动作业点应按照 2(4)的要求选择作业场地。

4. 高炮和火箭临时作业点应参考 2(4)的要求选择作业场地。

5. 地面发生器作业点应远离易燃易爆物,设有防雷、安防和通信设施。

1.3.2   选址审查

1. 新增或变动作业点应报省级气象主管机构审查。

2. 上报材料应包括作业点的地名、编号、经纬度、海拔高度、装备类型、选址原因等。

1.3.3　申报流程

1. 每年 2 月前，县级人影办将新增或变更的作业点资料报市级人影办。

2. 市级人影办将汇总、审核，确认无误后，于 3 月前以公文报省级人影办。

3. 省级人影办会同审批

(1)汇总、整理市级人影办申报的作业点资料，校核地名、经度、纬度等。

(2)以公文形式，向空管部门报送新增或变更的作业点资料。

(3)经批准后，省级人影办向所申报的市级人影办发文，新增或变更的作业点即纳入常规作业申报程序实施作业。

1.3.4　临时作业点使用期限

森林灭火、重大社会活动保障、突发性事件等紧急申请的临时作业，使用期限一个月。如该临时作业点确需保留为固定作业点，次年按新增作业点程序申报。

1.3.5　归档要求

1. 年终时，按照归档要求，将当年空管部门批准的新增或变更的作业点资料，归入省级作业点资料库中。

2. 将省级所有作业点资料整理排序，文件名命名为"××省（区、市）××××年版作业点资料"，相关资料，分别发送各市级人影办保存。

3. 当年最新版的正式文档，打印后分送空管部门和本单位归档保存。

1.4　安全射界图制作要求

根据中国气象局有关文件和技术标准的规定,为保障作业安全,人影作业点安全射界图的制作要求如下:

1.4.1　标题

在安全射界图正上方,标明"××作业点安全射界示意图"。

1.4.2　制作内容

1. 底图选取

在底图上,应明显分辨城镇、村庄、医院、学校、保护文物、企事业单位、大型建(构)筑物等地物(可选用 1∶10 万以上比例尺的数字化地图,或分辨率大于 20 米的卫星遥感影像图。)

2. 水平距离圈

以作业点为圆心,用黑色实线,按 1 千米间隔划实线闭合圆,最外圈半径取 10 千米。

3. 固定射线

以作业点为圆心,以 45°的间隔,用黑色实线,由圆心向最外层距离圈引射线。

以作业点为圆心,以 5°的间隔,用黑色虚线,由圆心向最外层距离圈引射线。

4. 安全射界

安全射界是以作业点为圆心的扇形区域,应由与水平距离圈平行的弧线和界定方位角范围的射线组成,采用明显区别于底图的颜色(推荐透明度 75%的绿色)填色,多个安全射界应顺序编号。

5. 指南针

图的左上角应标有指南针标志。

6. 比例尺

图的左下角应有比例尺图示。

7. 图例

图的右下角应有水平距离圈、安全射界、45°间隔射线、5°间隔射线的图例说明。

1.4.3　安全射界范围表

图上应有安全射界范围表,表中的项目和内容如下:

1. 作业点名称:××镇(区)××村作业点。

2. 作业点编号:按要求统一编码。

3. 所属空域管制部门:例如,成都空域、兰州空域等。

4. 海拔高度:以米为单位,精确到个位数。

5. 经纬度:以度分秒为单,精确到个位数位。

6. 安全射界:以阿拉伯数字依次编排,例如 1,2,3 等。射界方位角、仰角以度为单位,精确到个位数。

1.4.4　打印版面

打印成品版面 40 厘米×60 厘米。

1.4.5　更新要求

应定期调查作业区内的环境变化,及时调整安全射界图。

第 2 章　创新人工影响
天气安全管理

大力加强安全管理创新,用以指导安全管理机制建设,推进人影安全规范化、标准化和精细化管理,是我们面临的一项紧迫而重要的研究任务。

2.1　探索安全管理原则

多年来,虽然各级各部门人影领导和从业人员千方百计想尽了各种办法,采取了多种措施,着力加强人影安全管理,但是全国各地仍然出现了各种各样的作业安全事故。为此,急需创新安全管理原则的研究。

安全管理的原则主要有预防性、规范性、层次性、针对性、实用性、系统性和动态性。

2.1.1　预防性

安全管理应以预防为主,全面分析有可能发生危险的场所、部位、作业装备等,超前进行指导,在有可能发生意外安全事故的环节,灵活运用技术手段、教育对策和法制措施,切实完善预防处置措施,避免出现从业人员的不安全行为和作业设备的不安全状态,降低事故发生概率,防止出现伤害或损失。事发前,使从业人员牢固树立"防在前"、"想在前"和"做在前"的意识,重点查找事故苗头和事故征兆,预先发现、鉴别、判断可能导致事故的原因,及时消除隐患,尽量不发生或少发生安全事故,变事后分析为事前预防。事发时,减少事故的严重程度,最大限度降低事故危害。事发后,尽快控制事态发展,避免灾情扩大或再次发生伤害;善于总结经验,吸取教训,以免今后重蹈覆辙。

2.1.2　规范性

安全管理重在控制从业人员的不安全行为和作业设备的不安全状态。应以有关法律、法规、规章、标准、文件等规定为准,做到岗位职责明确、分工合理、责任到人、权责对等;做到操作程序清楚,督查方便有效;做到管理工作流程规范,从业人员行为规范,以实现科学管理、规范作业。

2.1.3　层次性

安全管理要明确构建分级管理体系,省、市、县级作业组织和作业点各负其责,层层落实安全责任,实行"谁主管,谁负责"。

2.1.4　针对性

安全管理要针对作业点多、作业人员多、作业季节长等特点,不断研究从业人员实际,通过分析风险评估,有针对性地制定作业方案和安全管理应对措施,落实执行细节,实施精细化管理,追求"零错误"、"零误差"。

2.1.5　实用性

制定安全管理制度、措施、预案等,要做到文字简洁,图表直观,操作方便,检查容易。对于年度或季度、月度目标任务,不定期开展阶段性检查,查找安全风险隐患,分析存在问题,制定解决措施,规范管理流程,不断提高科学管理水平。

2.1.6　系统性

安全管理工作要从全局着眼,局部入手,全面统筹,多方协调,形成有机整体;要充分运用法律、经济、技术、教育和行政等手段,吸收最新科研成果,不断总结、创新、升华,以指导工作实践,根除风险隐患,避免发生安全事故。

2.1.7　动态性

安全管理涉及人影业务工作的各方面、全过程,涉及一切有关的人员和设备,必须坚持全员、全过程、全方位、全天候的动态管理。随着社会经济的发展和科学技术的进步,安全管理也要与时俱进,不断探索新的规律,总结新的办法,推广新的经验,适应新的变化,才能使安全管理水平在管理中发展,在发展中提高。

2.2　推进作业安全文化建设

社会是一个多元的复杂系统,每个人都是该系统中的一个"安全阀"。随着社会的发展,在事故频发的相关人员、设备、环境、管理 4 个要素中,"人因"最重要。只要有一个人的行为不遵守安全规范,就有可能造成安全事故。只有每个人都提高安全素质,才能实现系统的本质安全。提高安全素质,安全文化起着浸润作用。因此,作业安全文化建设对于保障安全生产具有重要的意义。

作业安全文化是全体从业人员在长期实践中形成的一种共识,是安全管理工作的灵魂,具有潜移默化的作用,能激活从业人员的自主意识,把"安全第一"变为每个人的自觉行为;促进从"要我安全"到"我要安全"再到"我会安全"的转化。

2.2.1　安全理念创新

据说,东南亚一带,当地人将一些美味的水果放在木箱里面,在箱子上方开一个小洞,洞口大小刚好够猴子的手伸进去。当猴子用手抓住水果时,手就抽不出来,除非它丢下手中的水果。大多数猴子都不愿放掉手中的美味,猎人就不费什么力气,轻而易举地捉住猴子。猴子为了追求一点点美味,牺牲了最为宝贵的生命。猴子的确不算高明,但是为什么发生在猴子身上的教训,却一而再、再而三地发生在我们人类的身上呢? 关键是安全理念问题。安全理念是从业人员对安全生产的价值认知,它决定从业人员的行为取向与行动准则。

从业人员是安全生产的主体,也是安全生产最根本、最关键、起决定作用的因素。只有把安全理念同从业人员的个人行为联系起来,养成良好的个人行为习惯,形成良好的群体安全行为规范,树立科学的安全素养,才能使"人人保安全"成为从业人员的自觉行为,进而能动形成群体安全,规范作业行为,人人成为安全生产有心人,最大限度地消除安全隐患,做到事前预防为主、事中严密把关、事后严格检查,实现全程控制。

要有计划、有重点地进行安全知识、安全法规和遵章守纪教育,充分利用新闻媒体、宣传栏、图书、影像、标语等广泛宣传安全知识,深刻剖析人影作业安全事故,以形成正确的安全观、价值观、认识观、方法观,使从业人员深刻理解各自岗位安全的内涵,积极开展岗位练兵、突发事故处置演练和反事故演习等活动,知道怎样做安全、怎样做不安全,自觉学习作业技术规程、掌握安全操作技能,提高安全意识,按安全要求自觉主动地规范操作行为,破除安全价值观和安全行为方面形成的不良行为,在确保安全的前提下持续有效地实施作业,坚决杜绝盲目追求作业效果而忽视安全的行为。

2.2.2　制定长期规划

结合人影业务发展建设,制定作业安全文化建设的指导思想、战略目标、主要任务和方法措施等长期规划,将作业安全文化建设纳入两个文明建设的总体规划,及时研究作业安全文化建设的方针、目标、任务和内容与相应的措施,与气象文化建设有机结合、协调发展、整体推进,逐步形成具有人影行业特色的安全准则、安全理念和安全管理模式,促进作业安全文化建设规范化和可持续发展;强化作业安全文化建设的组织领导,明确各级领导和安全管理人员的责任;制定作业安全文化宣传教育培训规划,明确培训的职责和任务,进一步提高从业人员的安全文化素质;建立作业安全文化建设的激励机制和评定标准,开展创优达标活动,做到经常化、制度化,深入推动作业安全文化建设更好更快地向前发展。

2.2.3　建立长效机制

要为作业安全文化建设提供思想、政治、组织上的保障,就必须建立长效机制。首先,成立作业安全文化建设工作领导机构和指导小组,成员有行政领导和安全技术方面的相关专家等。各级党政领导把创建活动作为加强安全生产工作的一项重要内容来抓,精心组织,认真落实相关工作,确保创建活动取得实效。其次,工会、妇联和团组织配合抓,形成纵向到底、横向到边的工作网络,做到逐级负责、分工负责、系统负责、岗位负责,明确各级各部门各岗位的安全责任,形成一级抓一级、一级保证一级的责任体系,实现责权分明、运作有序、互相支持、互相保证,确保每个环节落实安全责任,定区域、定人员、定措施、定责任,做到凡事必有人负责、必有章可循、必有人监督、必有据可查。最后,提供必要的资金保证,确保作业安全文化宣传教育活动顺利进行。

2.2.4　目标量化可考

运用管理学、经济学等手段建立激励机制,以预防事故、保障安全、引导其行为符合安全规范,将人影作业安全文化建设目标分解落实到各个岗位,做到职责清楚,考核标准、办法和评价体系完善,确保人人平等,做到对事不对人,公正公平地严格检查、考核、评比和奖罚,全面保障人影作业安全文化建设;积极征集安全合理化建议,将不同层面、不同岗位的从业人员对作业安全文化的意见和建议,客观、及时地反馈到安全管理部门;重点记录人影安全工作的重要事件,不断积累成功经验、总结失败教训,不断丰富并规范目标管理的内容、形式和考核办法。

2.2.5　宣传形式多样

围绕"安全就是效益、安全就是责任、安全就是保障"的主题,采取培训咨询、论坛讲座、知识竞赛、演讲比赛、有奖征文等多种形式,开展形式新颖、寓教于乐、参与面广的宣传活动,提高全体从业人员的安全意识;把安全理念、安全警句格言、作业安全文化、法规常识等编印成册,发给从业人员学习,利用各种时机,积极宣传作业安全文化知识;每年安全生产宣传教育月,广泛开展"安全在我心中"的演讲会、书法、漫画、摄影展等活动;在人影作业现场,制作富有哲理和人性化的安全警示标牌,值班室、休息室等环境赋予作业安全文化内涵。通过营造浓厚的作业安全文化氛围,持续不断地传递安全理念,提高从业人员的安全文化素质,培育安全生产价值观,建立起全员、全方位、全过程的安全环境,形成"让安全成习惯,让习惯更安全"的理念,使从业人员系统熟悉作业安全文化的内容、目标、重点、原则、方针、作用和意义。同时,积极探索作业安全文化建设模式和规范体系,积极创新作业安全文化建设的理论研究与实践行动,保障从业人员的身心健康和生命安全。

2.2.6　提高职业素养

有的从业人员在工作中违章违纪且屡纠屡犯,有的单位事故发生后隐瞒不报,有的单位发生失职问题相互推诿、推脱责任等,都是不道德的具体表现,应受到谴责、追究责任。因此,从业人员要树立安全诚信的品格,规范职业安全行为,养成良好的职业道德。在实际工作中,应注意寻找"平凡英雄",发掘和培植安全生产先进典型,使从业人员在潜移默化中接受作业安全文化,规范自我安全行为:树立潜心学习、耐心细致、苦练技术的"学习典型";树立安心本职,言传身教,勇于纠章的"工作典型";树立立足岗位,技术革新,流程再造的"创新典型";树立夯实基础,狠抓管理,规范作业的"实干典型"等等,通过深入宣传各种典型的美好品格和模范事迹,用典型带路,推动人影工作的全面安全。

综上所述,作业安全文化建设的核心是从根本上预防事故。从强化管理入手,充分利用现代管理的控制机能,有效控制各种不安全因素,切实防止事故,保证安全生产。

2.3　管理体制创新

2.3.1　发挥双重管理优势

1983 年以来,实行气象部门和地方政府双重领导,以气象部门为主的领导管理体制。近年来,气象部门和地方政府均加强了对人影工作的管理,使人影工作活力不断增强。

中国气象局和各级气象部门都把包括人影工作在内的各项气象工作纳入目标管理,树立了安全责任重于泰山的理念,加强了安全管理工作。2009 年起,中国气象局制定《全国人工影响天气业务安全检查方案》,在全国范围内由国家级人影业务安全检查员分组开展安全交叉检查。2003年以来,中国气象局相继颁布了《37毫米高炮防雹增雨作业安全技术规范》(QX/T17-2003)、《增雨防雹火箭发射系统安全操作规范》(QX/T99-2008)、《37 mm高炮人工影响天气作业点安全射界图绘制规范》(QX/T25-2015)等气象行业标准,强化了高炮与火箭作业安全的管理。2015年7月,出台《人工影响天气安全生产风险隐患点排查要求》,要求全国各级人影部门认真排查安全风险隐患。这些举措,大大强化了气象部门对人影安全工作的管理,人影工作安全形势大大改观。仅四川近10年来就杜绝了责任性安全事故,人影作业平均每年减少或避免直接经济损失近5亿元。

人影工作既是地方气象事业的重要组成部分,又是增雨抗旱、防雹减灾的重要科技手段。近年来,各级地方政府从保障民生角度出发,加强了对人影工作的领导,全国绝大多数省(区、市)都成立了省级人影工作领导小组或指挥部,基本建立了市、县级人影领导机构,形成了省、市、县人影领导管理体系。把安全管理工作纳入地方目标管理,由当地政府与人影部门签订安全责任书。2015年,四川省政府与全省21个市(州)政府签订《四川省人工影响天气安全生产责任书》,至今为止,未发生责任性安全事故。四川部分市(州)安监、公安、财政、气象等部门共同实施安全目标责任风险管理,已取得了良好的效果。

在今后一段时间内,要更加强化气象部门和地方政府对人影工作的双重管理体制,坚持做好地方政府层层签订安全责任制的工作,坚持气象部门对包括人影安全工作在内的综合目标管理,进一步保障人影安全。

2.3.2 适应管理体制变革

随着国家行政体制改革的深入,政府购买包括人影气象服务在内的各项社会服务,将逐步成为发展趋势。2015 年,四川省广元市已出台购买本级人影服务的文件。这预示着过去的管理体制将发生重大变化,气象部门将在服务效益和安全风险上承担更大的责任。要及时制定政府购买人影服务的管理办法,强化社会化服务资金管理和绩效评估,最大限度地减少或避免安全责任事故,增强人影工作活力,提高人影作业服务效益。

各级气象主管机构应高度重视人影安全管理工作,有关职能部门加强协同配合,成立人影安全管理工作协调小组,负责人影安全管理工作的组织领导,建立安全责任体系,深入推进改革工作;要努力适应管理体制变革,研究制定包括人影安全工作在内的应对管理体制变革的新举措,进一步增强人影工作安全管理理念,健全人影安全工作管理体系,切实保障人影安全。

2.4　机制方法创新

探索完善各类管理机制,创新运用各种管理方法,强化法规制度建设,是强化人影安全工作的重要内容。

2.4.1　完善管理机制

坚持安全第一、预防为主、综合治理,坚持以人为本,坚持问题导向和需求牵引,坚持依靠科技创新,完善政府主导、部门协作、综合监管,建立完善包括责任机制、监管机制、应急机制、联动机制、奖励机制和保障机制[9]等的管理机制,落实人影安全主体责任。

(1)责任机制

领导负责制:各级气象主管机构负责人为第一责任人,主要领导负总责、分管领导负专责,完善人员聘用、训练和考核,统筹、协调、制定和落实安全管理工作,实现全员和全过程的安全管理。

分级管理制:实施省、市、县级人影管理部门分级管理,明确相应职责,层层分解落实安全生产目标任务,签订安全生产责任书,做到逐级负责,落实责任,形成一级抓一级、一级保证一级的责任体系和责权分明、运作高效的运行机制。

责任追究制:细化各岗位职责,实施精细化管理,形成纵向到底、横向到边的工作网络,做到凡事必有人负责、必有章可循、必有人监督、必有据可查。发生安全事故,逐级倒查责任,实行责任追究。

(2)监管机制

建立完善监管机制,制定相关制度,明确地方政府、公安机关和气象部门等的监管职责,抓好日常管理、现场监管、巡视监查和联合监管。

日常管理:日常安全监管能快速反馈最新的安全信息,及时发现风险隐患,督促作业组织立即整改,快速消除安全隐患。各级人影部门要健全安全监管网络,动态收集、整理、分析安全信息,全程监控、全面反映安全工作态势,确保实现安全。

现场监管:要着重抓好现场检查和作业程序规范化。一方面,现场检查作业人员是否按规定数量配备,作业装备是否保持良好状态,各项技术指标是否符合作业要求,作业物品是否摆放整齐、取用方便。另一方面,力求使作业人员在作业前熟悉作业流程、操作要求、作业环境;在作业中重点排查作业人员身心健康状况、作业装备隐患,消除不安全因素,严格按空域批复的时限作业;作业后及时回复、上报作业信息、清点消耗物品数量、评估作业效果、养护作业装备。

巡视监查:根据阶段性工作任务和要求,不定时间、不定人员、不定单位随机巡视监查,发现问题,举一反三,消除隐患,以强化安全监管工作。

联合监管:建立人影弹药的生产、销售、购买、运输、储存、使用等环节的联合监管机制,开展联合督导检查,形成以经常性自查为主、突击式抽查互查并举、整改落实"回头看"的全覆盖管理机制。

（3）应急机制

在日常的人影业务工作中,要加强危险因素分析,开展风险评价,通过危险源的划分和预评价,找出人影工作中存在的风险隐患,结合既成和未遂安全事故典型案例的研究,及时制定完善的安全事故应急救援预案。通过日常应急培训演练,既检验预案是否存在问题,又使从业人员明白有可能发生什么结果,怎样预防发生安全事故。

一旦出现重大突发事件后,需要开展应急处置时,从业人员应清楚主管部门是谁,部门负责人是谁,有哪些部门参与联动,有哪些人参加应急工作,参加应急工作的人做什么和怎么做,操作流程清楚、简单,最大限度地调动一切可用资源,快速妥善处置,减轻事故损失,避免次生事故发生。

（4）联动机制

充分发挥中央人影协调会议制度或省级人工影响天气指挥部(领导小组)的职能和作用,加强中央和地方之间、军地之间、部门之间的沟通协调,分析评价安全风险隐患,建立统筹集约、分工协作、上下衔接、左右配合的联动机制,推动公安、通信、安监等部门和军队履行安全监管职责,形成齐抓共管,责任共担的人影安全管理体系,达到统一指挥、步调一致,实现全面安全。

（5）奖励机制

建立奖励机制,完善奖惩措施,是做好人影安全管理工作的重要环节。对做出突出贡献的先进集体和先进个人给予表彰奖励,对玩忽职守、失职渎职、推诿扯皮的个人给予行政处分或追究刑事责任,做到奖优罚劣,持续引导从业人员养成并坚持安全工作的好习惯。

（6）保障机制

建立完善“政府主导、社会化服务、民兵预备役”3 类作业人员管理模式,制定保险政策性文件,逐步实现人员、装备、财产保险全覆盖;充分运用中央财政人影专项、区域人影工程建设、人影新设职业等政策措施;完善作业人员待遇保障和安全监管机制;健全培训体系,加强省、市级人影安全管理干部轮训,做好县级和作业点作业安全技能培训,确保人影作业队伍健康稳定发展。

推进省、市、县三级建立以租赁军用或民用爆炸器材库房为主要存储方式、以租赁民爆运输车辆为主要运输方式,促进人影弹药运输和存储向民爆物品管理方式转变。与公安、安监、通信等部门联合,建立健全人影弹药运输和存储标准,完善业务安全检查规范、地面作业安全管理规范、弹药保险柜技术规范、地面作业点记录规范等行业或国家标准,实行分级管理,确保弹药安全。

安全管理工作所需经费,应列入年度预算,配置必须的仪器设备,逐步应用物联网、远程监控系统、卫星定位仪等先进技术,确保作业环境和设备的安全。

2.4.2　创新管理方法

在人影业务工作中,尝试应用目录管理法、清单梳理法、表格检查法、风险管理法、案例学习法和模拟演练法等,以降低安全风险隐患。

(1)目录管理法

用目录列出岗位职责,将每天所做工作,按轻重缓急分类排列,有条不紊地完成,工作项目才不会出现遗漏,也更容易抓住工作重点,把各项工作做细做透做好,才会不断提高工作效率。

(2)清单梳理法

用清单列出每天或每周、每月所做工作,列出完成每一项工作的时间节点、质量要求、操作规则、完成人员、督查人员和注意事项等,避免出现疏漏、拖延、懈怠、差错和失误,有助于把握整体,分清主次,节省时间,提高效率。

(3)表格检查法

用问答方式,事先将作业中存在的各种不安全因素编制成表格,操作时一问一答或自问自答,便于逐项检查,确保作业安全。

(4)风险管理法

人影装备运输储存、弹药使用、空域使用等存在许多不安全的因素,作业安全风险具有不确定性,也是目前人影工作面临的最大风险。一方面,运用风险管理方法,事前分析评估风险隐患,确定安全事故风险可能发生的等级,进而采取相应的预防措施。另一方面,建立健全作业安全风险管理体系,实施全员安全风险管理,增强从业人员的安全风险意识,把从业人员的利益与单位的安全风险紧密捆绑在一起,降低从业人员的侥幸和冒险心理。总之,使从业人员明白人影作业有哪些风险,有哪些预防措施,自己如何避免风险,确保作业安全风险可控。

(5)案例学习法

海恩指出:"一起重大飞行安全事故,背后可能有 29 个轻微事故,有 300 起未遂先兆,1000 起事故隐患。"海恩法则强调,任何不经意的小细节,都可以成为引发大事故的导火索[8]。安全工作,分工协作,环环相扣,如链条一样。任何一个环节断裂,都会危及上下链环以及整个链条。墨菲提出:"如果存在事故发生的隐患,这个隐患哪怕非常微不足道,事故也会发生,只不过是时间问题。"在任何环境中,对任何事情都不可以大意,更不能抱有侥幸心理,只有防微杜渐地把事故消灭在未发生之时,才是最科学有效的行为[8]。利用身边的典型安全事故案例,做形象、生动的剖析,可以突出安全主题,强化安全意识。典型人影作业安全事故案例评析,就是案例学习法的初步运用。

(6)模拟演练法

一方面,对已制定的预案、流程等是否实用,是否存在问题,只有组织人员、装备进行模拟验证,才能检验操作程序是否清晰明了,操作方法是否简单实用,才能发现是否存在问题,从而进一步改进完善。另一方面,通过模拟实战演练,进一步熟悉预案、流程等的内容、要求,熟练掌握操作程序和方法等,以便将来顺利应对突发事件。每年启动人影作业前的实战操作演练,就是模拟演练法的具体运用。

2.4.3　强化法制建设

社会经济发展,业务技术更新,都与安全管理工作密切相关。要根据国家的法律法规和业务技术的新发展新变化,与时俱进地不断完善人影安全管理的法律法规、规章制度和技术标准,提高管理能力和科技水平。

(1)加强立法研究

人工影响天气涉及包括气候资源的法律属性以及人工影响天气的正当性、权利冲突、风险控制、法律责任等问题,无论从法律责任的种类,还是责任的构成,都没有作出明确的规定,需要深入研究《中华人民共和国安全生产法》、《中华人民共和国气象法》和《人工影响天气管理条例》等法律法规相互配套衔接,需要结合侵权责任法、国家赔偿法、行政补偿理论等加以构建和完善[9]。要按照深化体制改革的要求,适应市场经济变化,立足气象业务现状,把握气象业务发展趋势,聚合多学科、多层次的人才,组建法制研究团队,研究追踪我国法律法规政策文件的变化,找准满足经济社会发展需求的切入点,深入基层和相关单位调研,研究气象立法和执法中反映的突出问题,着重突出超前性和预防性,构建目标明确、层次分明、功能合理和体系完善的气象安全管理法制体系。

(2)完善规章制度

木桶容量,不仅决定短板,还取决于板与板之间的缝隙。完善规章制度,就能从制度上补齐短板、弥补缝隙,提高木桶容量。要着重建立以"安全第一、预防为主"的思想保证体系,确保组织落实、工作扎实、监督有效;要实现安全指标定量,设备跟踪管理,安全事故处理及时妥当;要充分运用现代管理学、经济学等新理论、新方法,不断完善目标管理考评体系,规范考评内容、形式和办法。总之,完善各项规章制度,实现安全责任明确化、安全目标具体化、安全检查标准化、安全学习经常化、安全宣传多样化、安全监督群众化,确保安全隐患消除在萌芽状态,即使出现安全隐患,整改也要定时间、定措施、定奖罚、定人负责、定人跟踪,保证整改合格有效。

2.4.4　加强精细化管理

安全堤坝由众多因素构成。安全无小事,任何细小的隐患,都会危及堤坝。《军事文摘》杂志曾刊载"一滴致命的油漆"的故事:1939 年 6 月 1 日,当时最先进的英国皇家海军"西提斯"号潜艇刚刚试航。当准备下潜时,由于压舱物轻,无法下潜。船长下令打开鱼雷发射管的内层盖子,想放些海水进舱增重压舱。当内层盖子一打开,数百吨海水眨眼间就涌进了潜舱里,致使潜艇极速下沉,除 4 人生还,其余 99 人全部死亡。事后查明,原来是几星期前,油漆工给潜艇刷油漆时,有一滴油漆滴进了鱼雷发射管的内层盖缝隙上,当打开鱼雷发射管的外盖时,压力巨大的海水便从黏了油漆的漆缝处进入并掀翻内层盖,悲剧就这样发生了。小小的一滴油漆就要了 99 条人命。这说明,任何严重的违章作业、违章指挥、违反纪律所造成的隐患,都是对安全堤坝破坏性很强的行为。

由是观之,我们做任何事情,不能心存麻痹和侥幸,越是微小的细节,越不能放松警惕。在人影装备维护、弹药运输、弹药存放、作业公告、空域申报、射击操作等各个环节中,一定要认真分析容易发生安全问题的细枝末节,特别是作业中使用的炮弹或火箭弹,对空中飞行器、地面人员生命和财产的安全有潜在的威胁,更应在安全管理的诸多细节上狠下功夫,尽力把小事做细、做透、做好,从制度上加以预防,在执行中反复修正。通过检查发现问题,经过整改完善规章制度,始终如一地将安全管理意识贯彻到每一个人、每一个岗位、每一个细节,坚决有效地把各种安全隐患或苗头消灭在萌芽状态。

强化精细化管理,就要坚持做到制定制度要精细、执行制度要严格、监督检查要全面、整改隐患要彻底、培训演练要规范、日常管理要仔细、火箭操作要程序化、高炮操作要规范化。

(1)制定制度要精细

1985 年,海尔着手内部管理时,编写了 10 万字的《质量保证手册》,制定了 121 项管理标准、49 项工作标准、1008 项技术标准。张瑞明整理企业内部,愿意花大力气、花大价钱,小事当着大事做,海尔才有今天的辉煌成就[10]。人影作业中的隐患,可能存在于作业装置管理与操作、弹药运输与存储、作业申请与回复等任何一个细节,如果忽视一个细小的步骤、一个细小的环节,都有可能造成安全事故,所以,在制定人影管理规章制度、实施细则和检查细则时,一定要实要细,容易操作,方便检查。

(2)执行制度要严格

人影作业安全隐患,可能存在于作业环节中的任何一个细节,如果忽视任何一个小小的细节,都有可能造成严重的安全事故。只有严格执行安全生产的有关法律法规制度,严格遵守岗位职责,做到流程熟悉、动作熟练、操作规范,才能确保安全生产。千万不能出现因为 1% 的错误,导致 100% 的安全事故。

为了严格执行制度,把事情做到位,把小事做细、做透、做好,可采用承诺制、表格化和口头复述的方法。承诺制就是书面答复何时完成何事,达到何标准;表格化就是把一些琐碎的小事用表格框定责任人、完成时间和完成内容等;口头复述就是接受口头指令的人员再对指令口头复述一遍,以减少误传、误听造成的差错。

(3)监督检查要全面

安全监督检查是预防安全事故和发现事故隐患的有效方法,应建立健全监督检查的长效机制,规范检查的内容、要求和步骤。检查时,既要全面细致不漏项,又要注重严格监管,还要及时查处安全隐患。通过查处违章违规行为，使从业人员养成一丝不苟的习惯，坚决克服思想上的懒惰性、操作上的随意性。只有不断创新检查方式、丰富检查手段，不断提高安全检查质量，才能使安全事故禁于未萌、止于未发。

①检查内容

一是规章制度。检查作业单位资格审批、作业点设置、作业人员数量和培训考核备案制度；检查作业装备的购买、运输、年检、调配、报废和储存制度；检查作业公告、空域申请、作业信息报告制度；检查省、市、县级人影办和作业点安全责任制度；检查重大安全事故报告制度、应急救援预案和应急处理程序等。

二是安全管理。检查安全职责和工作程序，安全责任和监管体系，安全事件处理程序；检查年度安全工作计划，开展安全检查、提出整改意见、落实整改措施情况；检查是否按规定严格审批作业单位资格和作业点设置；检查作业装备是否按制度购运、调配、登记、使用、维护和报废，是否严格按技术规范完成年检；检查弹药库房是否符合规定，是否统一组织销毁废旧破损、过期弹药；检查作业人员是否严格执行培训、考核和备案制度，有无违反指挥程序、错误操作等行为。作业环境、作业设备的运行、维护和管理是否满足安全运行需要；检查作业期内的安全作业情况；检查安全信息管理制度和报送程序是否存在问题。

三是业务运行。检查组织协调管理机构是否健全，作业安全资金投入是否保证，是否有专职管理人员；人员素质、业务能力是否符合要求；设备配置是否满足安全运行的需要；高炮、飞机、火箭作业流程是否简明清楚；业务系统能否正常运行，业务产品发布是否符合要求，作业预警指导信息能否及时发布；高炮身管备份是否符合要求；有无备份电源、通信工具等设备；是否建立实施有效的规章、手册、指令等管理制度和程序；从业人员是否严格执行岗位职责、业务技术规范、作业技术规程。

②检查要求

一是检查组制定明确的检查提纲,完成检查与整改各个环节的工作。

二是现场检查作业人员业务学习、作业记录、执行制度、作业环境安全、操作熟练程度等。

三是根据检查项目、内容、要求、时间,对照安全检查表逐项检查,审查安全事件报告,提供安全检查报告。

四是安全检查人员职权明确,检查中发现的问题,及时提出书面整改意见,定人定责,限期整改,直至复查合格。

③检查步骤

检查步骤概括为"一查、二看、三听、四问、五试"。

一查:查阅有关法规、标准、文件、报表、记录、预案、制度、规范、操作流程等资料。

二看:查看设备运行、安全标志、维修保养等规章制度是否健全,检查作业人员操作手法的熟练程度。

三听:听取安全负责人介绍有关安全管理的规章制度、安全措施、安全事故应急处置、应急培训演练等情况。

四问:询问作业人员对有关作业管理、安全职责、预防措施和应急处置等内容的熟悉情况。

五试:检验作业人员执行应急处置操作流程的准确性、熟练性和应急救援预案的适用性、有效性和可操作性。

(4)整改隐患要彻底

许多安全事故,往往都是因在那些不起眼的"细节"上的疏忽和管理上的粗放而造成的。人影对空作业发射炮弹或火箭弹时,任何一个操作细节上的疏忽或管理上的失误,都可能带来机毁人亡的惨剧。在监督检查中,一旦发现安全隐患,就必须立即彻底整改。整改时,必须从小事和细节抓起,从严要求、从严把关、从严整改,明确整改完成的时间和进度,明确整改内容和要求,落实责任人和项目负责人。整改后,及时进行复查,直到符合安全规定要求为止,坚决彻底地消除各种安全隐患。

(5)培训演练要规范

制定完善人影作业人员培训规定,规范作业培训组织、内容、考核等要求。新增作业人员,在正式上岗前,必须培训合格,才能参加人影作业。每年启动人影作业前,所有作业人员,必须坚持岗前培训演练,学习安全法规、操作规范、典型作业安全事故案例等。平时作业空闲时间,长期坚持岗位练兵、突发事故处置演练,掌握作业规程和操作技能,做到流程熟悉、操作规范、动作准确、手法熟练,提高应急处理能力,以确保作业快速、安全和有效。

高炮、火箭操作演练,需要遵守以下五项操作原则:

一是操作细化:根据高炮、火箭的操作特点,把操作过程细分为若干步骤,每个步骤有标准的操作动作。步骤越细致,出错的概率就越少。

二是站位明确:按作业实战要求,在模拟训练现场,标出每个作业人员的最佳操作位置,以利合理操作、远离危险。

三是动作规范:每个动作,制定详细的操作标准,做到动作规范化、标准化。

四是顺序正确:根据操作方法,制定操作程序。操作时,只要按顺序走一遍,完成规定动作,就会防止因顺序错误而发生问题。

五是操作复诵:操作前,列出每项操作的顺序和内容;操作时,一人吟唱确认,一人复诵操作,相互监督,减少错误发生率。

(6)日常管理要仔细

出现任何一起安全事故,事前都有原因、都有征兆,关键问题在于疏忽。加强作业点日常管理,就是要善于发现并控制事故征兆或苗头。在值班交接、弹药管理、物品摆放、环境安全等环节中,更要注重细节管理。

分级管理。制定人影作业点标准化建设规范和安全等级评定办法,实行作业点分级管理制度,坚决停用不达标的作业点。

值班管理。作业期间是否确保 24 小时有人坚守值班、待办事宜是否详细记录、值班记录是否完整、上下班交接是否清楚等。

弹药库管理。严格按规范存放,确保专人看守,警报监控有效。经常检查防盗门锁是否安全完好;库内是否安装防爆灯,有无油桶、油布、拖布等杂物混放,温、湿度是否符合安全要求;真弹、故障弹、教练弹是否分开存放,区别标志是否醒目。

物品管理。物品是否分类存放,取用方便;通信电池、应急电源、备份物资等是否充足,是否随时即取即用。

环境安全。应用物联网等新技术,建立人影装备弹药、作业点、作业实施的全程实时监控系统,经常检查围墙、堡坎、大门等是否安全;检查有无发生山洪、泥石流、河流改道等应急预案;非作业期间,检查弹药是否上交存放,是否安排值守人员。

(7)火箭操作要程序化

火箭作业系统安全操作应做到程序化,每一个程序分清责任、定人负责、定期检查;根据操作程序,列出可能发生的事故及其先兆。任何环节,不论何时,只要发现事故征兆或安全隐患,就立即报告,及时排除。在火箭作业系统的装卸、运输、安装、发射、保养和作业故障应急处置中,应注意:

火箭发射架搬动时导轨不能承力,应避免用力不均或过猛,出现倾翻、轨道变形;紧固螺帽应拧紧。装卸火箭弹时,应关闭汽车发动机,且轻拿轻放。

火箭发射架运输时速度适中,避免急刹车;过桥、洞时,注意限高标志,避免挂碰;停车倒退时,尤其注意避免撞击车后物体。在高山、丘陵区作业或长途运输时,宜用铁丝或粗绳辅助捆牢火箭发射架。

安装火箭弹时,作业人员必须关闭发射控制器的总电源,释放手上静电侧身装填,检查是否过期,查看弹体、尾翼是否有松动现象。

作业前,检查周围是否设置警戒标志,是否有无关人员观看,观察发射方向的空域是否有异常;作业时,作业人员是否撤离到距火箭发射架 25 米以外的安全区,爆炸自毁的火箭弹在发射后是否听到相应的爆炸声;作业后,火箭发射架是否及时去污、打油保养,是否察看线路接头有无松动;发射控制器是否及时充电或更换电池。

因火箭弹质量问题,发生卡弹或炸架现象,应立即停止作业,待检修合格后方可恢复使用。

(8)高炮操作要规范化

高炮安全操作,要做到规范化。每一个操作程序,要分清责任、定人负责、定期检查;根据操作流程,事前列出可能发生的事故先兆和预防措施。作业中,任何时候发现事故征兆或安全隐患,必须立即停止作业,及时排除安全隐患。

高炮运输、作业、保养和故障应急处置时,应注意以下几个方面:

高炮运输车的载重量在 4 吨以上。运输时有专人押运、指挥;收列、放列时,行军指标应转换为作战状态,规正螺杆必须收到位。

高炮作业时,每完成一个操作指令,必须向班长报告"好";发射第一发炮弹后,必须检查后座指标。出现不发火故障,应立即撤离人员;排除炮弹故障时,不能直接捅炮。

高炮擦炮保养时,必须擦净药室,身管内不能有异物。

(9)管理经验二则

在管理和作业方面,四川省人影办和天津市蓟县人影办总结的管理经验值得借鉴。

四川省人影办结合管理实践,凝练了人影管理"五不准、十必须"。

五不准:不准擅自作业,不准超时限作业,不准未培训就上岗作业,不准使用不合格装备,不准使用过期弹药。

　　十必须:规章制度必须上墙,作业公告必须发布,作业通信必须畅通,作业操作必须规范,空域申请必须复核,作业完毕必须回复,上报信息必须及时,装备保养必须认真,装备订购必须统一,装备转让必须报批。

　　天津市蓟县人影办从作业经验中总结了人影高炮作业口诀:

射击前后擦炮膛,检查炮弹无碰伤。

人员到齐共就位,退壳筒内要通畅。

拉握把入后把扣,炮弹平行压入膛。

空域规定要严守,令行禁止记心上。

对准云腰射一发,修正弹道报后座。

后座正常继续射,射击完毕关保险。

四十五度退炮弹,作业完毕要保养。

炮弹点数装入箱,作业情况记本上。

及时搜集雹雨情,迅速上报妥收藏。

第 3 章　安全事故应急管理

因作业装备技术或弹药质量、管理疏漏、操作失误等因素,难免发生人影作业安全事故,造成一定的人员伤亡和财物损失。为了把安全事故造成的损失或负面影响降到最低,研究安全事故应急管理很有必要[11]。

3.1　安全事故分类与等级

人影安全事故,可按责任分为责任性安全事故和非责性安全事故。

3.1.1　责任性安全事故

符合下列条件之一,造成人员伤亡、财物损失的为责任性安全事故:

(1)无人影作业组织资格而实施作业;

(2)作业点未经空域管理部门批准而擅自作业;

(3)作业人员未经培训合格即实施作业;

(4)使用过期弹药或不合格的高炮、火箭、地面发生器作业;

(5)违规致弹药丢失、被盗、爆炸;

(6)在禁射区或方位作业;

(7)作业点设施不合格引发雷击、火灾等。

3.1.2　非责性安全事故

符合下列条件之一,造成人员伤亡、财物损失的为非责任性事故:

(1)炮弹或火箭弹飞行轨迹不正常;

(2)炮弹在空中未爆或爆炸碎片过大;

(3)火箭弹在空中未爆或爆炸碎片过大、降落伞未打开;

(4)因炮弹质量引发高炮炸膛;

(5)因火箭弹质量引发火箭炸架;

(6)其他非人为原因。

3.1.3　安全事故等级

根据人员伤亡和财产损失,将安全事故等级分为四类。

Ⅰ类:造成 3 人以上死亡,或者 10 人以上重伤,或者 1000 万元以上直接经济损失的事故;

Ⅱ类:造成 1～3 人死亡,或者 5～10 人重伤,或者 100 万～1000 万元直接经济损失的事故;

Ⅲ类:造成 1 人死亡,或者 3～5 人重伤,或者 10 万～100 万元直接经济损失的事故;

Ⅳ类:造成 3 人以下重伤,或者 10 万元以下直接经济损失的事故。

3.2　安全事故报告要求与内容

3.2.1　安全事故报告要求

人影作业点发生安全事故后,作业点负责人利用移动或固定电话、无线电台立即向县级人影办简要报告,并注意保护事发现场,且

高炮或火箭发射架等装备应保持事发状态。如有人员伤亡,立即报
警,组织救援。

县级人影办接到作业点的安全事故报告后,应立即利用移动或
固定电话、传真、网络等方式,向市级人影办简要报告、6 小时内详
细报告事故信息。市级人影办接到县级人影办的报告后立即向省
级人影办报告。逐级上报时间间隔不得超过 2 小时。

如发生人员伤亡,省级人影办应立即联系作业装备生产厂家,
由厂家向保险公司联系,保险公司派人赶赴现场调查取证、认定事
故、履行相关赔偿责任。

3.2.2　安全事故报告内容

安全事故报告的主要内容有:1)安全事故发生的时间、地点;2)
安全事故发生的现场情况和已采取的措施;3)安全事故发生的简要
经过、已经造成的伤亡人数和初步估计的直接经济损失;4)其他应
当报告的情况;5)报告人的姓名、单位和联系电话。

3.3　安全事故调查分析

3.3.1　调查组织

(1)调查主体

发生Ⅰ类事故,由省级气象主管机构组织调查,有关安全监管
单位、生产厂家、保险公司等参与。

发生Ⅱ类事故,由市级气象主管机构组织调查,有关安全监管
单位、生产厂家、保险公司等参与。

发生Ⅲ、Ⅳ类事故,由县级气象主管机构组织调查,有关安全监
管单位、生产厂家、保险公司等参与。

（2）成立调查组

根据安全事故等级，视需要分别成立相应的调查组。调查组在当地政府统一领导下，会同有关部门赶赴现场展开调查。

调查组成员应由 3 人以上组成，其成员与事故无直接利害关系，且应从事人影业务技术管理工作 3 年以上，或具备事故调查所需的相关专业知识能力。

（3）调查组职责

调查组成员应诚信公正、恪尽职守、遵守纪律、保守秘密，履行下列职责：

①拟定调查的目的、要求、内容、时间、步骤、现场勘察与调查分工等；

②拟定所需勘察仪器设备、照（摄）像与录音设备、清理工具等物品清单；

③查实事故造成的人员伤亡、财物损失情况；

④查明事故发生的原因和经过，认定安全事故的性质和责任；

⑤总结安全事故教训，提出安全防范措施与对策建议；

⑥撰写事故调查报告。

3.3.2　调查原则

坚持科学严谨、依法依规、实事求是、注重实效，以客观事实为依据，及时、准确地查清事故原因、性质和责任，总结经验教训，提出整改措施，对事故责任者提出处理建议。

坚持做到"四不放过"：事故原因没有查清不放过，当事人没有受到教育不放过，没有制定切实可行的预防措施不放过，事故责任人没有受到处理不放过。

3.3.3　调查流程

安全事故调查工作流程，如图 1 所示。

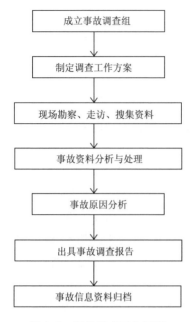

图 3.1　事故调查工作流程

3.3.4　调查方式

(1)现场勘察

在事发现场,主要勘察以下内容:

①人员伤亡、财产损失状况;

②作业装备的类型、生产厂家、受损等情况;

③作业时的发射仰角、方位角;

④弹药使用数量及其作业前后的变化状况;

⑤作业现场变化、安防措施执行情况。

(2)走访调查

①走访受伤人员或目击者,了解安全事故发生情况,并记录其姓名、住址、职业、文化程度、联系方式;

②了解作业的性质、安全事故发生的时间、地点、经过、损失和

天气状况；

　　③弄清作业装备在作业前的检修、作业中的运行、作业后的变化情况，查明弹落点距离；

　　④了解作业人员的培训、履职、身心健康、操作过程等情况；

　　⑤了解有关安全法规、规章制度、操作规范等执行情况；

　　⑥了解上级单位对事发单位的安全监管评价。

　　（3）资料搜集

　　调查时，主要搜集以下资料：

　　①用事先准备好的样品袋等，及时搜集保存极易消失的物证；

　　②对事发现场进行拍照或摄像，测定作业装备、财物受损等有关信息，绘制装备作业状态、受害人位置、破坏物简图。如作业现场发生变动，弄清变动原因和过程，详细记载有关信息；

　　③受访人员的口述材料、书证和物证资料，应经其签字确认，并详细记录受访人员的姓名、性别、单位、职业、电话等相关联系信息；

　　④有关安全法律法规、规章制度、操作规范等；

　　⑤其他相关的书证和物证资料；

　　⑥调查材料应按汉语规范用语记录，做到客观公正，文字简明，叙述准确。

3.3.5　安全事故原因分析

　　（1）整理资料

　　对搜集的资料分类整理如下：

　　①文字、图（照）片、影（声）像、人证、书证、物证等所有信息资料；

　　②安全事故经过、人员伤亡、财产损失、原因分析等材料；

　　③医疗部门的检查、诊断、证明材料；

　　④保险公司出具的有关证明材料。

　　（2）原因分析

　　安全事故原因分析，可以从以下几个方面进行：

①事发单位的安全管理规章制度的制定、学习和落实,安全教育培训情况;

②作业装备受损、作业人员操作自述以及相关的人证与物证等情况;

③分析人员、装备、管理和环境的相互关系及其影响程度;

④确定事故结论和等级,评估损失和影响,提出整改措施和对策建议。

(3)撰写调查报告

经过客观调查、综合分析与准确判断,查清安全事故的原因、性质,认定责任,分析危害,在事故发生后 30 个工作日内完成安全事故调查报告。Ⅰ类事故报省气象主管机构;Ⅱ、Ⅲ、Ⅳ类事故报省、市气象主管机构。

安全事故调查报告的主要内容如下:

①安全事故发生的单位概况;

②安全事故发生的时间、地点、经过、现场处置措施与救援情况;

③安全事故造成的人员伤亡、财产损失情况;

④安全事故发生的原因、性质、结论和等级;

⑤安全事故防范措施与对策建议;

⑥安全事故有关的原始证据材料;

⑦其他应当报告的情况;

⑧调查组成员郑重签名。

3.3.6　安全事故处理

(1)责任性安全事故

根据人事隶属关系,视情节轻重,建议取消当事人作业资格或调离作业岗位、给予警告处理等;情节特别严重的,移送检察机关追究刑事责任。

出现重大安全事故,除追究当事人责任并给予行政处分外,还要追究有关负责人的领导责任。

对重大安全事故隐瞒不报、谎报或拖延报告的,建议省、市级人事管理部门对人影机构主要负责人和有关责任人给予记过或记大过、降级等行政处分。

(2)非责任性安全事故

因弹药质量原因造成人员伤亡和重大财产损失的,由省级人影办协调县、市级人影办和厂方,分别按照增雨防雹炮弹、火箭弹产品质量保险办法和保险事故处理程序,商定赔偿金额,签订事故处理的书面协议。

未造成人员伤亡和重大财产损失的安全事故,由县、市级人影办负责处理,并报省级人影办备案。

(3)安全事故赔偿

安全事故赔偿,需要准备以下资料:1)弹体残骸照片、人员伤亡、财产损失情况的照片和文字材料;2)伤者在县级以上医院就诊的原始发票、医药处方、检查报告等;3)作业时间、地点、仰角、方位角,弹落点距离,弹号、批号、箱号、出厂日期;4)双方签订的赔偿协议,签字(或盖章)并按手印(当地气象或政府有关部门作第三方见证并盖章);5)受害人或家属出具签字并盖有手印的收据。

3.4 安全事故应急处置

3.4.1 各级人影办职责

(1)省级人影办职责

①协调县、市级人影办和有关人员,联系装备生产厂家调查、处理赔偿等;

②决定是否派安全事故调查组到事发现场;

③事故总结通报,并按规定报送有关部门;

④应急值班员职责：24 小时值班，及时接听电话与收发传真、邮件、网络、文(函)件等有关信息，整理事故动态信息，写出拟办意见，报值班领导审阅，负责报送、归档单位领导审签的事故信息，值班记录本上详细记载有关事项，做好值班期间的治安、消防、保卫、保密等工作。

(2)市级人影办职责

①组织人员立即赶赴现场，按规定时限将有关信息报告省级人影办；

②如有人员受伤，协调人员救治、安抚等工作；

③收集、整理、报送有关安全事故现场的文字、照片(或音像)，保存有关票据，完善赔偿事宜；

④及时向省级人影办上报安全事故处理动态信息和分析总结报告。

(3)县级人影办职责

①接到作业点安全事故信息报告后，第一时间派人赶到现场。如有人员受伤，协助救治、安抚受伤人员；

②保护现场，拍照取证。经调查核实后，妥善保存现场残留物，在规定时间内向市级人影办报告有关事故进展动态信息；

③收集、整理、报送安全事故现场的文字、照片(或音像)等原始材料，保存有关票据等；

④依靠当地政府安全管理部门，协助受害人员家属、厂家等有关各方，妥善处理安全事故的相关遗留问题，按时报送安全事故分析总结报告。

3.4.2　处置原则

(1)行动迅速

安全事故发生后，按照属地管理和应急处理原则，省、市、县级有关人影办立即按响应级别，分别启动相关的安全事故应急处理预案,有关人员进入应急工作状态,实行应急值班。安全事故应急处理工作领导小组成员立即到位履职。领导小组组长由省(市、县)级人影机构领导担任,相关的业务、技术和管理人员为小组成员,组织协调安全事故应急、调查和善后处理相关事宜。

省人影办安排正、副班各 1 人,24 小时值班,保证通讯、信息畅通。值班员接到安全事故报告后,立即报告领导,并迅速与所在地的市级人影办取得联系,了解事故进展动态信息,随时向有关领导报送相关信息。市、县级人影办安排有关人员值班,并将值班人员的姓名、联系电话报省级人影办,确保通信畅通。

(2)信息准确

参加安全事故应急处置工作的各级人影办,应准确及时收集报送信息,相互通报安全事故的发展动态、已经采取的措施、当地领导和有关部门的意见和下一步的工作安排等信息。

(3)处理及时

安全事故应急处置工作结束后,省级人影办根据安全事故所在的县、市级人影办上报的分析总结报告,综合调查分析报告,及时向全省通报有关情况。

3.4.3　紧急处置

按照"政府统一领导,分级负责"的原则,在事发地政府的统一领导下,会同相关部门,控制事态发展,积极做好人员救治、保护现场、保护财产等工作。

作业时出现卡弹、炮弹炸膛、火箭弹炸架等故障时,应立即停止作业,人员撤离至安全区域,及时收集保存故障弹残骸。如发生火灾、人员伤亡等情况,应立刻联系消防、医院等部门进行紧急救助。同时,应暂时封存出现事故的作业装备,待事故原因查清或重新检修合格后方可恢复使用。

弹药连续出现质量问题,县级人影办应立即停止使用并封存该批次弹药,市级人影办迅速向省级人影办报告弹药型号、批次;省级人影办核实后将有关情况通报弹药生产厂家,省级所辖范围内立即停止使用并封存该批次弹药,待进一步查明原因后再进行处理。作业点要完整保存作业记录(包括作业地点、作业空域申请时间、批复时间、批准人、作业起止时间、作业方位角和仰角、天气实况以及弹药型号、批号、发射过程描述等),以备调查使用。

由于炮弹、火箭弹是火工产品,虽然多年来生产厂家不断引进技术、创新工艺,炮弹故障率从最初的 3% 提高到 3‰ 甚至更高,但是也绝不可能做到 100% 的不出现故障弹,所以人影作业本身就存在一定的危险性。尽管作业人员按照规章安全操作,千方百计避免出现安全事故,但是仍然难免发生安全事故。

人影工作是基础性和公益性的气象服务事业,特别是在增雨抗旱、防雹减灾、重大社会保障活动等工作中取得显著成效,受到各级党政领导的充分肯定和社会各界的普遍赞誉。对于偶然出现的人影作业安全事故,公众要保持平常的心态,多理解、多支持;新闻媒体应积极做好正面宣传引导,尽量避免新闻炒作带来的负面影响;人影部门更要善于开展危机公关,变坏事为好事。

第4章　强化人工影响天气安全标准研究

　　气象标准是提高气象预测预报能力、气象防灾减灾能力、应对气候变化能力、开发利用气候资源能力的重要支撑,是气象科技成果转化为业务能力的重要途径,是气象部门履行社会管理和公共气象服务职能、引领气象行业发展的重要保障,也是国家标准体系中重要的一个方面。

　　人影标准既是气象标准体系中重要的一个方面,又是人影安全规范化管理的重要抓手,系统研制人影工作各方面的标准,对推进人影安全管理具有重要意义。

　　2005年以来,四川省人工影响天气办公室组织科技人员研制了2项气象行业标准、8项气象地方标准,并从实践中总结出了一套标准研制方法。这些标准的颁布实施,在实践应用中均收到良好管理效果。

4.1　标准研制程序

　　一般而言,国家标准制定程序通常分为预研、立项、起草、征求意见、审查、批准、出版、复审、废止9个阶段。但有两种情况,可采用快速程序:一是对等同采用、等效采用国际标准或国外先进标准的标准制修订项目,可直接由立项阶段进入征求意见阶段,省略起草阶段;二是对现有国家标准的修订项目或中国其他各级标准的转化项目,可直接由立项阶段进入审查阶段,省略起草阶段和征求意见阶段。

在遵循国家标准制定程序的基础上,为确保研制质量,气象标准的制定修订包括:预研究、立项、起草、征求意见、审查、批准、出版、复审等[12],为确保研制质量,还适当增加了初审、审读、复核等把关环节。结合多年的标准研制实践,作者主要谈谈前期研究、立项论证、组织研制、组织初审、征求意见、专家审查、发布实施、复审废止等工作。

4.1.1   前期研究

为提高气象标准的研制质量和水平,在标准项目申请之前,就要通过深入的调查研究,广泛征求意见,收集相关领域的技术资料、参考文献、科研成果等,开展相关试验研究和技术论证,提出主要技术指标和内容,形成标准草案和标准编制说明。例如,从 2011 年起,四川开展了《人工影响天气业务系列技术规范研究》和《人工影响天气术语标准研究》等重要技术标准项目的研究。

通过查阅相关技术资料、参考文献和研究成果,在深入、系统研究人影作业点申报、作业空域申报、作业装置管理、作业弹药管理、作业人员培训、作业组织资格认定、火箭作业队伍建设、作业信息材料报送、移动雷达监测要求、业务目标管理以及县、市级人影管理制度建设等技术规范的基础上,我们以技术标准、管理标准和工作标准分类为基础,将人影技术标准分为作业技术、检测维修和效果评估 3 类,管理标准分为安全管理、装备管理和业务建设 3 类,工作标准分为资质要求、人员要求、制度建设 3 类,构建了人影标准体系框架,建立了标准体系分类表(见图 4.1)。

2014 年 7 月 8 日,由四川省质量技术监督局组织专家对"人工影响天气业务系列技术规范研究"项目进行了验收。专家组成员听取了项目组的研究报告,通过质询、答辩和认真讨论,形成验收意见如下:1)项目组提供的验收资料齐备、完整,符合项目验收的要求。

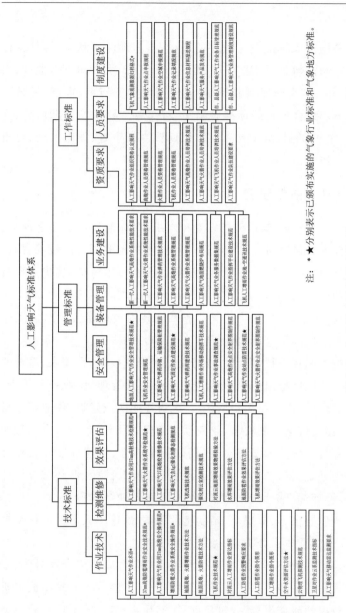

图 4.1　人工影响天气标准体系

注：*分别表示已颁布实施的气象行业标准和气象地方标准。

2)项目组对人工影响天气业务进行了系统的总结和梳理,提出了人工影响天气业务技术规范框架体系,形成了 12 项人工影响天气技术规范草案。3)项目成果具有较强的前瞻性、科学性和规范性,对今后的人工影响天气业务工作具有重要的指导意义。专家组经讨论,一致同意通过该项目的验收。建议对体系框架进一步凝练梳理,使草案的内容逐步上升为地方标准。

4.1.2　立项论证

标准是否立项,首先考虑需求。如果一项标准没有业务、服务和管理方面的需求,也无应用前景,那就根本没有必要立项。同时,还要考虑该标准的通用性和适用性。根据中国气象局发布的《气象标准申报指南》和地方标准主管机构的申报要求,标准研制单位组织业务技术管理人员,以单位名义向主管部门申报气象标准研制项目。研制单位一般不少于 2 个,并可以允许多个单位联合申报和编写。中国气象局或地方标准主管机构组织专家审查论证时,要看标准的初稿是否比较规范和完善、标准负责起草单位的声誉以及第一起草人的能力水平和信誉度。在立项评审答辩环节,项目申报人要准备好答辩所需材料(包括标准初稿、项目申请表、PPT 汇报材料和可能用到的参考资料),精心准备择要讲述项目的需求性、已有的基础、制定标准拟采用的方法、预计问题和解决办法等内容,预估专家可能质疑的问题提前做好相应准备。审查论证通过后,由标准主管机构批准下达标准项目任务书,即可开始编写初稿。例如,四川省气象局申报的气象行业标准《人工影响天气作业术语》、《地面人工影响天气作业安全管理要求》[13],分别于 2007 年、2011 年由中国气象局批准立项并下达研制任务。

4.1.3　组织研制

标准研制过程,通常分为组织队伍、编制大纲、收集资料、编写术语、确定结构、编写附录和编制说明等环节。

(1)组织队伍

根据标准研制项目涉及的业务技术管理等方面的知识要求,合理组织研制队伍。例如,气象行业标准《人工影响天气作业术语》由4人组成,而《地面人工影响天气作业安全管理要求》的研制,涉及作业装备、空域安全、作业管理等诸多方面,涉及理论与实际的紧密结合,研制人员10多人。标准研制人员,一般在3人以上,其组成应体现代表性、权威性、互补性,尽可能包括业务、科研、生产、使用等单位的代表,且宜在从业经历、知识结构、文化素质、年龄梯次等方面能互补形成合力。

标准起草组设负责人1名,对负责人的基本要求包括:1)是项目申报单位的在职职工,具有高级以上技术职称且从事本专业领域工作满三年,或者具有中级职称且从事本专业领域工作满五年;2)具有严谨的科学态度和良好的职业道德;3)了解气象事业发展战略、方针和政策,具有较高的政策水平、较丰富的专业理论知识,具有气象业务、服务、科研、教学或者产品研制开发的实践经验,以使制定的标准既充分考虑当前的技术发展水平,又为未来技术发展提供余地;4)熟悉相关的法律法规和标准化知识,参加过主管部门组织的标准编制培训,开展相关标准的研制工作;5)具有较强的组织能力和良好的协调能力,能协调组织解决气象标准研制中的重大技术问题;6)有较好的文字表达能力,善用高度概括的言语,科学、准确、简洁地表达标准的内容,做到用词精确、逻辑严谨、条理清晰、避免歧义;7)具有严谨的科学态度和良好的职业道德,能够维护全局利益、听取不同意见,妥善处理标准研制中出现的各种问题。

(2)编制大纲

大纲是标准研制中的纲领性文件之一,一般由标准负责人撰写。例如,气象地方标准《人工影响天气火箭作业技术规范》[14]标准研制负责人撰写的编制大纲如下:

1. 操作技术

1.1　安装

1.2　检测

1.3　发射

1.4　保养

2. 作业要求

2.1　作业点设置

2.2　空域安全

2.3　人员要求

2.4　运输安全

（3）收集资料

根据具体标准的编写目的和使用需求,在注重广泛性、全面性和准确性的基础上,应充分收集该领域的文献、资料和科研成果,并对其进行整理和评估。

研制气象标准,主要收集以下几类资料:

1)法律法规:《中华人民共和国标准化法》[15]、《中华人民共和国气象法》、《人工影响天气管理条例》、《通用航空飞行管制条例》[16]、《民兵武器装备管理条例》[17]等;

2)有关标准:中国气象局政策法规司《气象标准汇编》[18]、《气象地方标准汇编》[19]和《标准化工作导则 第 1 部分:标准的结构和编写》[20]等;

3)规章制度:中国气象局制定的《人工影响天气安全管理规定》、《增雨防雹火箭作业系统检测规范》、《高炮人工防雹增雨业务规范(试行)》[21]和《飞机人工增雨作业业务规范(试行)》[22]等;

4)词典、教科书和专业文献:《气象学词典》[23]、《大气科学辞典》[24]、《大气科学名词》[25]、《化学辞典》[26]、《人工影响天气岗位培训教材》[27]、《人工影响天气三七高炮实用教材》[28]、《大气物理与人工影响天气》[29]、《人工影响天气现状与展望》[30]、《雹云物理与防雹的原理和设计——对流云物理与防雹增雨》[31]、《人工影响天气研究中的关键问题》[32]，《大气科学》(杂志)、《中国科技术语》(杂志)等；

5)有关装备生产厂家的技术资料：长安汽车(集团)有限责任公司编印的《37毫米高炮用83型人工消雹催雨弹使用说明书》、江西国营九三九四厂编印的《BL系列防雹增雨火箭作业系统年检规范(Q/XGS56-2002)》、YD系列说明书，陕西中天火箭技术有限责任公司编印的《WR系列增雨防雹火箭作业系统年检规范(Q/SY14-2002)》、《WR系列增雨防雹火箭作业系统产品应用技术及年检技术资料汇编》等。

(4)编写术语

目前，我国人影领域的术语标准，仅有气象行业标准《人工影响天气作业术语(QXT151-2012)》以及全国科学技术名词审定委员会公布的《大气科学名词》(第三版)中涉及的有关术语，至今尚无国家标准。在日常的人影业务、教学、交流等活动中使用术语时，有的术语的定义不够准确，有的概念和概念系统不够准确完善，有的同一术语有不同的解释，还有不同的术语却指称同一概念等等，不仅造成混乱，而且影响交流效果，甚至影响气象部门的社会形象。因此，人影术语的收集、编写、系统化和规范使用工作十分重要。

分析现有的各类气象术语标准，从类型上大致分为2类：

第一类，基础术语(指称谓气象领域主要概念的术语)。气象标准体系由气象基础与综合、气象仪器与观测方法、气象基本信息、气象防灾减灾、气候与气候变化、卫星气象与遥感应用、空间天气监测预警、农业气象、人工影响天气、雷电灾害防御、风能太阳能气候资源、大气成分观测预报预警服务、气象影视等13个覆盖气象业务服务领域和履行社会管理职能的气象标准体系及若干子体系构成，每个体系(或分体系)都需要研制相应的基础术语。例如，气象行业标准《气象仪器术语》[33]中"3 基础术语"(如：①气象要素：表征大气状态的基本物理量和基本天气现象。主要有大气温度、大气压力、空气湿度、风向和风速、能见度、云、降水、雷暴、雾、辐射等。②天气现象：大气中发生的各种物理和化学过程的综合结果。如降水、水汽凝结(云除外)、冻结物、大气尘粒、光、电等现象及一些与风有关的特征。③气象观测：借助仪器和目力对气象要素和大气中发生的各种现象及其变化过程进行的观察和测定)、《人工影响天气作业术语》中"5 基本术语"(如：①人工影响天气作业：用高炮、火箭、飞机、地面发生器等，将适当催化剂引入云雾中，或用其他技术手段进行人工影响天气的行为。②人工增雨(雪)：对具有人工增雨(雪)催化条件的云，采用科学的方法，在适当的时机，将适当的催化剂引入云的有效部位，达到人工增加雨(雪)目的的科学技术措施。③人工防雹：用高炮、火箭、地面发生器等向云中适当部位播撒适量的催化剂，抑制或削弱冰雹危害的科学技术措施。④人工消雾：人为使局部区域的雾部分或全部消除的科学技术措施。⑤人工消(减)雨：在适当的条件下，对云中适当的部位播撒适当的催化剂或采用其他的技术手段，使局部地区内降水消减的科学技术措施)。《温室气体本底观测术语》[34]中"3 基本术语"(如：①温室效应：温室气体等大气成分造成的增温效应。②本底大气：远离局地排放源、不受局地环境直接影响、基本混合均匀的大气。③大气本底站：开展大气成分本底长期、定点、联网观测的站点)等。

第二类，以特定主题研制的术语。在《气象仪器术语》中，将仪器分为地面气象观测及其观测仪器、高空探测仪、遥感观测设备、环境气象观测及其探测仪器等。在《人工影响天气作业术语》中，围绕开展人影作业构建的术语有常用播云催化剂、作业装备、地面作业、飞机作业、作业效果评估、作业管理等。上述各类还能进一步细化。例如，地面气象观测及其观测仪器又可分为温度及其测量仪器、湿度及其测量仪器、气压及其测量仪器、风及其测量仪器、降水及其测量仪器、蒸发及其测量仪器、辐射及其测量仪器、能见度及其测量仪

器、云及其测量仪器、雷电测量仪器、综合测量仪器、地面观测配套
设备。

①收集术语信息

利用现有的人影领域的文献、资料和科研成果,广泛、全面、系
统地收录具有本学科学术特点、构成本学科概念体系的名词、术语、
定义、概念、概念系统、示例和插图等,尽量做到只收集专业概念、少
量从其他学科借用的概念,注意选收科学概念清楚、相对稳定、反映
当前学科发展水平的新术语,不收已淘汰的、无现实意义的术语,不
收商标、商业名称和俗语。收入构词能力和组合能力强的术语,便
于他人学习掌握,便于今后进行电脑自动化加工。

收集术语信息主要有三个步骤:

一是挑选术语词汇。从遵循术语的科学性、系统性、单义性、简
明性、派生性、稳定性、协调性等原则出发,按预先确定的主题,观察
所收集术语的重要性、使用频率、主题所属、系统性、构词能力和组
合能力等,依据术语称谓专业概念和具有定义这两个特征,挑选出
最准确和最简明的术语,确保收词无遗漏。

二是确定收集内容。收集包括术语、定义、概念、同义词、近义
词、反义词、完整形式、缩写形式、与其他语种的对应词和对应程度、
示例、注、公式、图形等,标明所属上位概念或下位概念、并列概念
等。如定义过宽,不借助上下文无法理解的术语,则要加标识注明。

三是规范信息编码。术语按概念外延范围,从小到大排列编
号。编制资料列表,用统一方法命名文件,方便日后查找、编排和使
用。同义术语排在一起编一个号,将相关资料输入电脑。

②挑选术语

挑选术语的原则是科学性、系统性、单义性、简明性、派生性、稳
定性和协调性等七个方面。

一是科学性。科学、准确、严谨,反映事物特征。选字择词,尽
量不用生活中的普通名词。如一时难以定名,必须借用普通名词,

则需附以专业定义或注释。

二是系统性。依据气象科学概念体系和逻辑相关性,处理好上位与下位(属与种)概念、整体与部分、部分与部分以及时空和因果的关系。

三是单义性。一词一义,剔除同义术语,符合语言规范使用习惯,不带褒贬等感情色彩。

四是简明性。简单明了,易读、易写、易懂、易记,便于推广使用。

五是派生性。备选术语越简短,组合成词的能力就越强大。

六是稳定性。使用频率高、范围广,约定俗成的术语不轻易变更。

七是协调性。本着"副科服从主科,主科尊重副科,民主协商统一"的原则,协调好学科之间交叉重复的术语。例如,气象标准之间关于"温室气体"的定义出现不协调、不一致的 3 种说法[35]:①温室气体:具有温室效应的微量和痕量气体,特指二氧化碳、甲烷、氧化亚氮、六氟化硫、氢氟碳化物、全氟化碳、氟氯碳化物、氢氟氯碳化物;②温室气体:大气中能够吸收红外辐射的气体成分,主要包括水汽(H_2O)、二氧化碳(CO_2)、甲烷(CH_4)、氧化亚氮(N_2O)、六氟化硫(SF_6)、氢氟碳化物(HFCs)、全氟化碳(PFCs)和臭氧(O_3)等。③温室气体:大气中水汽、二氧化碳、甲烷、氧化亚氮、六氟化硫等对长波辐射有强烈吸收作用的气体。可改为:温室气体:大气中对长波辐射有强烈吸收作用的气体。注:气体中主要包括水汽(H_2O)、二氧化碳(CO_2)、甲烷(CH_4)、氧化亚氮(N_2O)、六氟化硫(SF_6)、氢氟碳化物(HFCs)、全氟化碳(PFCs)和臭氧(O_3)等。

在气象标准中,优先选择稳定、常用的基本术语。在研制《人工影响天气作业术语》时,标准研制工作组基于气象领域基本理论和工作需求创造作业点这一术语,由它派生的术语有固定作业点、流动作业点、临时作业点等。在挑选术语时,应当对新术语特别注意。

比如,《大气科学名词》(第三版)中对台风、气旋、热带风暴、森林火险等级的定义:1)台风:发生在西太平洋和南海,中心附近最大风力达12～13级的热带气旋。2)气旋:大气流场中在北(南)半球呈逆(顺)时针方向旋转的大型涡旋,在气场上表现为低压。3)热带风暴:中心附近最大风力达8～9级的热带气旋。4)森林火险天气等级:按林区火险可能性大小的分级。中国林区一般采用5级制:1级——不燃;2级——难燃;3级——可燃;4级——易燃;5级——强燃。

如研制术语标准,还应做好术语系统化、评价术语、整理术语、编制概念分类图、创建序词表和整理术语集等工作。

术语系统化。任何一个术语,都属于一个确定的术语集。采用系统化的方法,直观展现最邻近属术语和并列术语的联系,便于研究相近术语之间的关系,有助于正确地理解术语。术语系统化,重要的是消除同音(形)异义或多义现象,统一语义和形式,确保术语的单义性和完整性,使术语在术语集中获得的概念意义、术语意义与术语的词汇意义间无分歧,没有同语反复,不存在同义术语。将收集的术语、概念,按确定的主题分类,每个主题中的术语、概念,按汉语拼音字母排列,初步对术语进行系统化。

评价术语。由释义入手研究定义、概念,评价术语集内的由属概念划分出的种概念是否能构成概念的外延,是否有误导性术语,是否有遗漏的概念,是否有术语与定义、概念出现不对应或者错误的情况,是否有概念与概念系统隐蔽的不对应情况,是否有概念内涵不对应导致术语意义不对应的情况,是否有一个术语用于命名两个概念,是否有几个术语同时指向同一概念的情况等,然后合理补充,完善分类。

整理术语。赋予术语最优化的形式与结构,使之反映概念范畴及其相互间的逻辑关系。整理术语包括统一和优化两个方面。统一是指确定术语的内容,确保术语系统中的一个术语只与一个概念相对应,反之亦然。统一术语的名称和含义,实质上是规范表达术语背后的思想。优化是指选择术语的最佳形式,反映术语所称谓的概念的基本特征。整理术语分为七个步骤:一是由释义入手,严格筛查所收集的术语,研究、评价概念,整理术语的来源、定义、概念、使用特点、同义术语等信息;二是确定专题范围,术语按主题分类,以汉语拼音字母排序,初步形成术语集;三是制定术语的修改、补充规则和程序,拟定编写术语的结构,使术语达到准确与系统;四是明确意义模糊的术语,优化现有专业词典的定义,挑选内容、形式、结构最成功的术语,将意义过宽的术语,移至更高层级的术语系统中;五是检验术语集内的术语在内容上是否存在多余术语成分,将多义术语改造成具有确定意义的术语,并做出相应标注;六是在同义、同音异义术语中,选择最符合术语要求的一个术语作为首选术语,其他术语即为非推荐使用或非许可使用;七是区别系列名称,标注首选术语、许用术语、拒用术语和被取代的术语、新术语等,编制术语词目,编制汉语索引。

编制概念分类图。概念间相互关系是否清楚,编制概念分类图一看就明白。编制概念分类图有如下五个步骤:一是找出最近的属概念;二是由上而下,从最大范畴的概念开始分析,将有相同最近属概念的概念分到一组,再为每个属概念找到更大的概念,直到找不出再有属概念的最大概念为止;三是研究最近的属概念和同类概念,找出确定的区别特征;四是制定分类系统,建立概念体系,将新词纳入其中;五是画出分类图,明确概念的现有定义或创建新的定义。

创建序词表。序词表是某一学科领域基本术语的集合,反映该领域绝大多数术语属种等级与非等级类型的意义联系,按系统关系与字母顺序编排成表,通过不断加工新资料补充完善,相对规范并非强制。创建序词表主要有以下六个阶段。一是制定序词表的修改、补充的规则和程序,每个主题的术语最好保持在 20~30 个。二是根据主题范围,挑选最具信息量的术语词汇,以术语、概念、概念标识符、摘录日期、文件名称、源文献名等统一格式录入到电脑中。三是词汇以汉语拼音字母顺序排列,再次遇到同一个术语词汇时做出参见标注。如术语很难归入主题,就放入"待分类主题"中。四是用于称谓同一概念的同义术语(包括不同语种的对应词)都用同一个编号。五是多义术语称谓几个概念,就在相应的部分给每个概念都单独编号,且标出所称谓的所有概念的序号。六是有的概念只有定义而无术语,列出定义,术语用五个小圆点"·····",表示尚无相应术语或未找到相应术语。

　　整理术语集。术语集是指某一知识领域或其一部分自然形成的术语的总和。整理术语集,一是针对确立的主题,再次界定概念。二是确定术语意义,找出概念内涵不一致的术语,找出无术语称谓的概念,挑选最成功的术语。三是分析术语功能,确立术语使用特点,把序词表中术语概念加到分类图里去,或用分类图中的概念称谓补充序词表,两者相互补充完善,形成序词表的层级部分。四是补充新的术语资料,不断分析整理优化,确立整体对应关系,避免长词组和词语组合。经过规范整理后,术语集形式一致、系统完整,对应学科概念系统,反映学科内在联系,不存在空缺术语,不存在脱离主题的独立分区。

　　③撰写定义

　　定义是对概念的语言描述,一般采用内涵定义和外延定义。

　　内涵定义也被称为"属+种差"式的定义。例如:"辐射计是测量电磁辐射量的仪器"是个内涵定义,其中"仪器"是属概念,"测量电磁辐射的"是种差。撰写内涵定义要符合准确性、适度性、简明性、系统性等原则,应尽量避免使用过宽或过窄的定义、否定定义、循环定义等。如:"傅立叶变换光谱仪:采用傅立叶变换这种光谱观测技术进行光谱观测的光谱仪",就出现循环定义的错误,可修改为:"傅立叶变换光谱仪:采用傅立叶变换这种光谱观测技术进行光谱观测,同时具备高光谱分辨率的仪器"。

外延定义也叫列举式定义,即将概念外延所涉及的客体列举出来。例如,① "连旱[36]:发生的跨类干旱(包括春夏连旱、春夏伏连旱、夏伏连旱、伏秋连旱、秋冬连旱、冬春连旱)",该定义并不严密,列举不全面,因为连旱可能还有夏伏秋连旱、春夏伏秋连旱、冬春夏连旱等形式。② "作业飞机"的定义,初稿:"指符合飞机人工增雨(雪)条件的飞机,目前机型主要有安-26、运-7、运-8、运-12、双水獭、夏延、国王、皇冠等"。征求意见稿:"符合实施人工增雨(雪)条件的飞机"。定稿:"用于实施人工影响天气作业的飞机"。标准审查专家赞扬该定义既回避具体机型,又说清楚含义。③ "火箭作业系统"的初稿:"火箭指增雨防雹火箭作业系统的简称,由载有高效催化剂的火箭弹及地面发控系统组成"。征求意见稿:"火箭:人工影响天气火箭作业系统的简称,由火箭弹和地面发控系统组成。"送审稿:"火箭作业系统:由增雨防雹火箭、发射架及发射控制器组成的用于增雨或防雹的作业工具"。定稿:"火箭作业系统[37]:由火箭弹、发射架和发射控制器等组成的增雨防雹作业系统"。从系统组成入手,似乎好定义一些。

撰写定义时,可能出现定义和术语不匹配的错误。例如:"火箭弹:携带催化剂,发射到云体内指定部位,对云体进行增雨防雹播撒式催化作业。"其中缺少限定性名词,使得定义没能真正解释术语的意思。可修改为:"火箭弹:携带催化剂,发射到云体内指定部位,对云体进行增雨防雹播撒式催化作业的壳体装置。"同时,不要在定义中重复使用术语,也不要使用"指"、"是"、"是指"、"一般是指""表示"、"称为"等词语,或是使用"它"、"该"、"这个"等代词开头。例如:①物候:物候指自然环境中植物、动物生命活动的季节现象。②气压:气压是作用在单位面积上的大气压力。③能见度:能见度是指能够从天空背景中看到和辨认的目标物的轮廓和形体的最大水平距离。④农业气象灾害:一般是指农业生产过程中所发生的导致减产的不利天气或气候条件的总称。

(5)《人工影响天气术语系统 V1.0》简介

2014 年,我们以《人工影响天气作业术语》为基础,应用计算机智能技术,成功研制出《人工影响天气术语系统 V1.0》。该系统安装在四川气象内网上试运行,可快速搜索和识别人影作业术语。

目前,该系统具有术语自动搜索和自动识别两大功能:

1)术语自动搜索

根据人影作业特点,可在"基本术语、常用催化剂、作业装备、地面作业、飞机作业、作业天气条件监测、作业效果评估和作业管理"等八类中自动搜索相关的作业术语。例如,输入"计划",点击"术语搜索",即可自动搜出如下 4 条术语:

作业计划
【英文】operational task plan
【释义】每年开展的人工影响天气工作年度计划,包括主要任务、经费预算、站点布局、作业时间、作业工具、通信工具、作业人员名单、联系方式和设备需求等。

作业计划申报
【英文】operational scheme declaration
【释义】对飞机人工增雨(雪)外场作业开始至预计作业期结束期间的总体计划和某一次的具体飞行作业计划的申报。

计划时限
【英文】scheme time limit for operational task
【释义】飞机人工增雨(雪)的作业计划需要提前申报的时间要求,有1小时、2小时、8小时、24小时等。

空域审批
【英文】examination and approval of airspace
【释义】人工增雨(雪)作业飞机确定后,作业实施单位向所在空域范围的飞行管制部门以及民航空中交通管制部门申报使用空域和机场计划的行为。

再如,输入"作业",点击"术语搜索"按钮,就可自动搜出与"作业"有关的 53 条术语,其部分结果如下截图所示:

搜索到53条相关术语

作业安全事故

【英文】security accident of operation
【释义】人工影响天气作业造成财物损失和人员伤亡等的安全事故。

催化判据

【英文】seeding criteria
【释义】为优化人工影响天气作业而建立的一套催化云的判别条件，常用云顶温度、风速、大气稳定度和含水量等指标。

2）术语自动识别

在指定文本中识别出人影相关术语。例如：在文本框内输入或拷贝一段文字，参见截图所示：

社会活动保障、减轻大气污染以及增加江河径流、改善生态环境等方面发挥了重要作用，得到各级领导的充分肯定和广大群众的普遍赞誉。但目前我国人工影响天气领域，尚无统一、规范的术语标准，仅有2012年中国气象局颁布的气象行业标准《人工影响天气作业术语》（QXT151-2012），涉及术语87个。实际工作中，尚存在以下问题：一是没有完善的术语标准；二是术语的定义不够准确；三是概念系统不够完善，需要对一些术语进行优化；四是术语使用存在一定的混乱，同一术语有不同的解释，有的不同术语指称同一概念，在一定程度上造成各方沟通上的困难，影响交流效果。因此，研究人工影响天气术语，并推进其标准化和规范化，对有效提高人工影响天气工作的科学性、有效性、管理水平和服务效益，有重要的现实意义。本文将从　　　等方面，初步探讨人工影响天气术语，旨在直观反映其概念系统及概念间的联系，规范术语定义，以正确使用术语，提高气象行业与政府部门、社会大众之间的沟通效果，进一步树立本部门良好的社会形象。

术语识别

点击"术语识别"按钮，就会识别出如下术语：

【人工影响天气】
【防雹】
【大气污染】
【径流】
【术语】
【气象】
【人工影响天气作业】

然后，根据需要，结合专业知识查找，编写术语释义等。

给术语下一个精准的定义十分困难，将术语系统化更加困难。

人影术语系统的研究是一个长期、复杂而艰难的课题,我们将结合工作需求,不断增加术语的数量,增加术语的其他语种释义,增加术语的查找手段、形象释义等,以满足不同层次的用户需求。

(6)章条结构

根据文本内容,确定标准的章、条结构。内容少,只分章撰写;内容多、层次多、逻辑关系复杂,先分章,章下设条,条下细分。试举以下 3 例:

例 1　气象行业标准《人工影响天气作业术语》各章结构为:1)范围;2)基本术语;3)常用催化剂;4)作业装备;5)地面作业;6)飞机作业;7)作业效果评估;8)作业管理。

例 2　气象行业标准《短消息 LED 屏气象信息显示规范[38]》章、条结构为:1)范围;2)规范性引用文件;3)术语和定义;4)分类和组成;4.1 分类;4.2 组成;5)技术要求;5.1 信息接收;5.2 信息存储;5.3 信息显示;5.4 控制功能。

例 3　气象行业标准《人工影响天气作业用 37 mm 高炮安全操作规范》章、条结构为:1. 范围;2. 规范性引用文件;3. 术语和定义;4. 射击使用的高炮、炮弹和场地要求;4.1 高炮的技术状况;4.2 炮弹;4.3 场地;5. 射前准备;5.1 高炮准备;5.1.1 高炮的放列及其警示;5.1.1.1 高炮的放列之一,……;5.1.1.13 高炮的放列之十三;5.1.1.14 高炮的警示;5.1.1.14.1 落炮前应将行军指标转向右;……;5.1.1.14.9 当炮手缺员时严禁落炮;……

(7)编写附录

除编制参考文献、汉语索引、英文对应词索引外,根据标准的总体结构需要,可在附录中编制图、表、规范性附录和资料性附录等。例如:①火箭作业安全区示意图见图 4.2。

②附录 D:BL 系列火箭常见故障与处理方法见表 4.1。

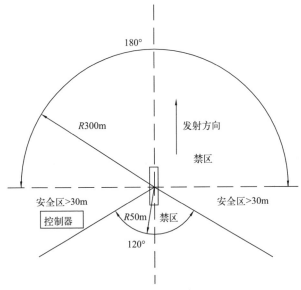

图 4.2　火箭作业安全区示意图

表 4.1　附录 D　BL 系列火箭常见故障与处理方法(资料性附录)

故 障 现 象	原 因 分 析	处 理 方 法
点火后不发射。	1. 火箭弹短路或断路; 2. 接触不良。	1. 等待 5 分钟后换下火箭弹,封存、记录,交厂家处理; 2. 重新接好。
炸架。	火箭弹、火箭发射架出现问题或操作不当。	该导轨停止使用,待厂家检修合格后使用。
打开总电源开关,显示屏无显示,指示灯不亮。	总开关接触不良。	重开一次。
检测各通道电阻时,显示屏显示 1。	1. 电缆处两头接口处未接好;2. 外线路短路:(1)火箭发射架电源线夹有污垢;(2)火箭弹点火脚线有污物或胶;(3)火箭发射架各轨道下面线夹松动;3. 火箭弹断路。	1. 重接电缆线。 2. 检查外线路: (1)清擦电源线夹; (2)用砂纸打磨点火脚线; (3)更换电源线夹。 3. 封存火箭弹,交厂家处理。
检测各通道电阻时,显示屏显示值大于规定上限值。	外线路接触不良。	1. 重接电缆线;2. 检查外线路:(1)清擦电源线夹;(2)拧紧压线螺钉。

续表

故 障 现 象	原 因 分 析	处 理 方 法
升压指示灯不亮无报警。	电池电压不足。	更换电池。
打开电源开关,电压正常指示灯不亮。	电压低。	更换电池。
打开电源开关,电压正常,指示灯与电压工作指示灯不亮。	电压过低。	更换电池。

③附录 B 作业指挥流程见图 4.3。

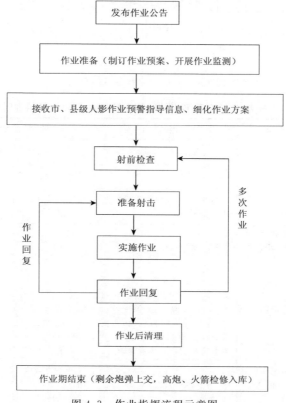

图 4.3　作业指挥流程示意图

（8）编写说明

说明是研制标准中的纲领性文件之一，一般由标准负责人来撰写。气象标准的编制说明的主要内容如下：

1）工作简况，包括任务来源、起草单位、协作单位、标准主要起草人及其所做的工作和主要工作过程等内容。

例如，气象行业标准《地面人工影响天气作业安全管理要求》（以下简称：气象行标《安全管理要求》）由中国气象局政策法规司提出，全国人工影响天气标准化技术委员会归口。2011 年 12 月 23 日由中国气象局将编制任务下达给四川省气象局（中气函〔2011〕527号），项目编号 QX/T－2012－16。项目名称为《地面人工影响天气安全管理规范》。2012 年 12 月 27 日，发出征求意见稿后，收到专家建议，将标题改为《地面人工影响天气作业安全管理技术规范》；2013 年 11 月 20 日预审时，专家建议删除标题中的"技术"一词；2014 年 6 月 5 日，评审专家建议标准名称修改为《地面人工影响天气安全管理要求》，原因是标准内容既有规定性，又有操作性。

该标准起草单位为四川省气象局，主要起草人为郝克俊等 18人。郝克俊是该标准研制负责人，起草编写提纲、初稿，组织人员讨论，征求全国各有关单位和专家的修改意见，修改征求意见稿、预审稿、送审稿等。其余人员分别承担技术文献资料搜集、术语修改、英语翻译和标准文稿修改。此外，郝克俊与郭守峰、刘晓璐分别到北京参加专家预审会和审查会，回答专家质疑，记录专家提出的修改意见或建议。

该标准研制工作主要有八个阶段：

一是组织落实。2012 年 1 月 5 日成立起草组，制定工作进度计划，确定人员分工。

二是收集信息。从 2012 年 1 月 9 日起，起草组成员查阅相关的法律法规、规范和标准以及技术文献、参考资料和科研成果。

三是编写提纲。项目负责人草拟编写提纲，起草组成员讨论并对其进行了修改。

四是完成初稿。2012 年 4 月,项目负责人组织编写完成标准草稿,针对起草中出现的问题,多次开展调研、咨询和修改草稿。2012 年 5 月,起草组邀请部分专家讨论修改标准草稿,形成工作组讨论稿。2012 年 7 月 4 日,四川省气象局法规处组织专家初审,会后按专家意见修改工作组讨论稿,形成初稿。

五是完成征求意见稿。2012 年 7 月 17 日,起草组再次邀请专家讨论修改标准初稿,形成征求意见稿。2012 年 8 月 13 日,中国气象局组织进行气象标准编制项目中期检查,项目负责人郝克俊在北京向与会专家汇报标准起草情况,并展示标准的征求意见稿。

六是征求意见。2012 年 8 月 21 日,中国气象局减灾司人工影响天气处将标准征求意见稿征求全国气象部门 20 多位国家级人影业务安全检查员的意见。同年 12 月 27 日,经全国气象防灾减灾标准化技术委员会同意,起草组分别向北京市人工影响天气办公室、北京大学、重庆 152 厂等 44 个单位和部门以及陈振林、翟久刚、周建华等 44 位专家征求意见。2013 年 3 月,起草组对所搜集的意见进行分类、整理,共梳理出各类意见 129 条,形成了《意见汇总处理表》。2013 年 5 月,起草组成员以及受邀请的部分专家共同讨论,后又经多次修改,形成标准送审稿。

七是专家预审。2013 年 11 月 20 日,全国人工影响天气标准化技术委员会在北京组织专家对标准送审稿进行预审,专家共提出意见或建议 48 条。2013 年 11 月 21—25 日,对照专家的预审意见,郝克俊、王维佳、陈碧辉逐条修改文本。2013 年 11 月 25、28 日和 12 月 3 日,起草组成员、部分专家对文本进行讨论、修改。12 月上、中旬,根据中国气象局减灾司人工影响天气处领导的意见,标准研制工作组对照近年来下发的安全管理文件规定,再次修改和完善标准文本。

八是专家审查。2014 年 6 月 5 日,全国人工影响天气标准化技术委员会(SAC/T)在北京召开气象标准审查会。审查会的专家分别来自中国气象局法规司、中国气象局应急减灾与公共服务司、中国气象科学研究院、工业和信息化部安全生产局、中国民航科学技术研究院、国家飞行流量监控中心、中国气象局干部培训学院、中国气象局人工影响天气中心、北京市人工影响天气办公室、中国气象局上海物资管理处等单位。通过对该标准的逐条审查,审查委员会一致通过对该标准的审查,认为该标准具有较强的科学性和可操作性。在审查会上,专家提出了 63 条修改意见。会后,项目负责人郝克俊对照专家意见逐条整理、修改文本,起草组成员于 2014 年 6 月 16 日、6 月 20 日分别进行讨论、修改、完善,郝克俊、王维佳、陈碧辉、刘晓璐又分别逐字逐句修改文本,形成报批稿。

2)标准编制原则和确定标准主要内容(如操作规程、技术指标、参数、公式、性能要求、试验方法、检验规则等)、论据(包括试验、统计数据)、修订标准时的新旧标准主要技术指标的对比情况。

例如,气象行标《安全管理要求》的编制遵循科学性、实用性、规范性的原则,力求简洁实用、清楚易懂、操作简便。科学性:在总结、凝练多年地面人影作业安全管理经验的基础上,借鉴中国气象局相关规范和规定,结合管理工作、经济社会发展与空中交通管制部门对人影工作的需求进行编写。实用性:从适应实际工作需求出发,规定了作业点管理、作业装备管理、空域安全使用、作业人员管理、作业实施、作业安全检查、安全事故处置等内容,还编制了 3 种常用表格(作业装备分类存放表;省、市、县级人工影响天气业务安全检查表;人工影响天气作业点安全检查表),以促进地面人影作业安全管理的规范化、科学化和标准化。规范性:该标准依据 GB/T 1.1—2009《标准化工作导则第 1 部分:标准的结构和编写》给出的规则起草,符合标准编写要求,遣词造句符合语言文字规范。

气象行标《安全管理要求》确定的主要内容如下:

①作业点管理

各级气象主管机构应对人影作业场地的设置和建设进行管理。

　　在场地设置方面,应根据当地气候特点及作业需求,宜选在交通方便、通信畅通的地点。高炮、火箭作业点应选在作业影响区上风方、分别距居民区不小于 500 米和 100 米,满足安全射界或安全作业的要求,新增或变动作业点应报省级气象主管机构审查。上报材料应包括作业点的地名、编号、经纬度、海拔高度、装备类型、选址原因等。

　　在场地建设方面,高炮和火箭固定作业点应建有实体围墙、值班室、休息室、装备库、弹药库和作业平台,设有防雷、消防、安防和通讯设施,值班室内张贴常用制度、作业流程和安全射界图等,作业平台平整硬化、禁射标志醒目。高炮和火箭流动作业点、临时作业点,作业平台平整硬化,禁射标志醒目。地面发生器作业点应远离易燃易爆物,并设有防雷、安防和通讯设施。

　　在场地管理方面,每个作业点应指定专人负责本作业点的安全管理工作,规章制度、作业手册和应急处置程序应规范完备,应加强对作业装备的维护保养和安全防护。固定作业点的工作环境整洁,物品分类定置、标识明显;宜安装视频监控设施,掌握作业点内的环境安全状况、作业过程等;应定期调查作业区内环境变化,调整安全射界图。流动作业点应定期巡视作业区内环境变化,当不符合作业要求时应及时进行调整。

　　②作业装备管理

　　作业装备应分类存放,宜建信息管理系统。高炮的炮闩、火箭的发射控制器应指定专人单独保管。弹药库应有防盗门、安防监控、防盗报警等装置。

　　高炮与火箭发射系统运输应符合国家相关安全要求,按行业或厂家提出的技术规范进行年检,检测合格后方可参加作业。作业后应及时保养,维修后应做好记录。作业期结束后应进行检修、保养、封存并入库保管。装备报废、调拨时,应将其编号、日期、原因、履历书等材料上报备案。

装卸炮弹与火箭弹时禁止携带手机等移动式电子设备；禁止携带易燃易爆物品；应关闭汽车发动机、释放人体和车辆静电；稳拿轻放，防止摔碰、跌落和倒置。如炮弹从高于 3 米处意外跌落，现场人员应立即撤离，等 30 秒确认安全后方可继续装卸。

作业人员应熟悉炮弹与火箭弹的构造、性能等，检查其有无结构松动、表面破损、是否过期。作业后应清理、登记弹药用量，作业期结束后将剩余弹药和弹壳上交。实施动态管理，合理调配弹药。实弹、训练弹、故障弹、过期弹应分开存放，并设置明显标志。过期、破损和故障弹药应就地封存，按规定进行销毁。报废和销毁后，应将型号、批次、原因、生产日期、生产厂家等信息上报备案。

地面发生器安装后应设置安全隔离护栏和警示标志，宜采用视频监控。

作业装备应储存于符合相关规范要求的专用库房内。无专用库房的流动作业点或临时作业点所用弹药应储存于专用保险柜内。库房应指定专人负责，并建立完善的库房值班、出入库管理、安全防护、应急处置等规章制度。

弹药储存量不应超过专用库房和保险柜的规定安全容量。弹药入库堆码时，箱底应垫放枕木，箱底离地 20～30 厘米，箱侧离墙大于 20 厘米，箱体堆码不应超过 5 层。弹药出入库时至少应有 2 人在场。地面发生器烟条宜参照弹药储存要求进行管理。

作业装备出现故障时应立即停止使用并及时上报，操作人员不允许擅自排除故障。故障应由专业人员排除，并经作业装备专职管理责任人确认合格后方可继续使用。

③空域安全使用

高炮、火箭作业前应按相关规定提出空域使用申请，获得批准后方可按批准事项实施作业。作业时应确保通信畅通，且应有备用通信手段。收到停止作业指令或作业装备发生故障时应立即停止作业，并报告作业实施情况。通信中断时应立即停止作业，并尽快报告作业实施情况。作业结束后,申请单位应立即向航空管制部门报告作业完毕,并及时记录、上报作业实施情况。

④作业人员管理

作业人员应经专业培训合格后上岗。每门高炮应不少于4人、每套火箭作业系统应不少于2人。每年启动作业前,应完成作业人员岗前培训、操作演练、信息注册,并报当地公安部门备案。作业时,作业人员应按要求穿着、佩戴安全防护装具。

⑤作业实施

作业前应按有关技术标准检查弹药、烟条储备是否充足,有无过期、松动、破损等现象;检查移动式车载火箭的车辆是否符合安全要求;检查电台、对讲机、卫星电话、电池、电源及备用、应急设备等,检查合格后方可参加作业。

实施作业15天前,作业单位应在至少覆盖作业点周边15~20千米区域内通过张贴公告、广播等方式,或使用网络、手机短信等传播媒介,提前向社会公众公告火箭或高炮实施作业的安全影响区域、起止时间、安全注意事项,作业实施单位、联系人姓名和联系方式等。公众如发现火箭或高炮在作业期间出现的安全问题,请与联系人联系。

⑥作业安全检查

作业安全检查的内容应包括规章制度和安全措施的建立与落实,作业装备及其存储和运输,安全射界图设置和执行,作业前公告,作业人员配备数量、教育培训和备案,作业记录,防雷装置、安全警示标志的设置,固定作业点标准化建设情况,检查项目、内容和评分等。

省、市、县级气象主管机构每年应检查(抽查)当地人工影响天气工作安全管理状况。检查时应按事前制定的检查提纲,查阅有关法规、标准、文件、制度、规范、预案、报表、记录、操作流程等资料;查看设备运行、安全标志、维修保养等规章制度;检查应急处置预案的适用性、有效性;检查作业人员对作业装备操作技能和应知应会内容的掌握情况;检验作业人员执行应急处置预案的准确性和熟练性;听取人工影响天气业务安全管理工作报告。对检查中发现的问题及时提出整改意见,限期整改;检查完毕后应形成安全检查报告。

⑦安全事故处置

发生安全事故应在当地人民政府统一领导下开展事故应急救援工作。各级气象主管机构要根据事故性质、事故大小、危害程度,按职责分级响应、开展应急救援,力求科学、规范地调查和处理。

事故发生后,事故现场有关人员应立即向本单位负责人报告;单位负责人接到报告后,应于2小时内向事故发生地县级或以上气象主管机构报告。市或省级气象主管机构应在获知信息的2小时内简要报告、6小时内详细报告上级气象主管机构,并详细记录事故基本信息。根据工作进展及时上报后续情况。如出现新情况应及时补报。报告内容包括事故发生单位概况,事故发生的时间、地点、简要经过、现场处置与救援情况、原因初步判断,事故已经或可能造成的人员伤亡和财产损失,已经采取的措施,其他应当报告的情况。

发生安全事故应立即做好保护现场、救治人员、保护财产等工作,观察现场有无未爆弹药等险情。有关单位应启动应急响应,相关人员应立即进入应急工作状态。省级气象主管机构视需要决定是否成立事故调查组,或通知装备生产厂家、验收单位、保险公司等单位参加事故调查处理。事故调查采用照(摄)像、绘图等方式记录事故现场信息、测定有关数据。通过勘察走访详细了解事故原因、发生、发展过程及人员伤亡、财产损失、天气状况,了解作业装备的安全状况、作业人员的操作过程、身心健康、安全培训等信息,了解安全操作规范和安全规章制度的执行状况,查看安全防护措施的落实情况。通过分析事故原因、性质和责任,认真总结经验教训,提出安全事故整改措施和处理建议,并及时上报调查报告。

确定气象行标《安全管理要求》的主要依据如下:①法律:《中华

人民共和国安全生产法》、《中华人民共和国气象法》等。②法规：《生产安全事故报告和调查处理条例》、《人工影响天气管理条例》、《通用航空飞行管制条例》、《民兵武器装备管理条例》等。③规章：《关于特大安全事故行政责任追究的规定》(中华人民共和国国务院令第302号)、中国气象局制定的《人工影响天气安全管理规定》、《高炮人工防雹增雨业务规范(试行)》、《飞机人工增雨作业业务规范(试行)》等。④标准：气象行业标准《37 mm高炮防雹增雨作业安全技术规范(QX/T17)》、《人工影响天气作业用37 mm高射炮技术检测规范(QX/T18)》、《增雨防雹火箭发射系统安全操作规程(QX/T49)》，公安行业标准《民用爆炸物品储存库治安防范要求(GA 837—2009)》、《小型民用爆炸物品储存库安全规范(GA 838—2009)》等。

3)主要试验(或者验证)的分析、综述报告，技术经济论证，预期效果。

例如，气象行标《安全管理要求》的综述报告如下：

近年来，随着社会经济的快速发展和气象科技水平的不断提高，人影工作越来越受到党和国家的重视，特别是在人工增雨防雹、森林防(灭)火、水库增雨蓄水以及重大社会活动保障等方面发挥了重要作用，受到各级党政领导的充分肯定和广大人民群众的普遍赞誉。

安全管理工作，责任重于泰山。地面人影作业多在野外且风雨交加的夜晚，对空发射炮弹或火箭弹，如任何一个操作或管理细节出现疏漏，就有可能发生安全事故，给人影工作带来巨大的负面影响。不仅如此，还存在一些不安全因素，如：弹药管理有隐患、安全信息上报欠真实、空域申请不规范，一些单位制度不健全，作业点设置、作业装置年检与存储不规范等问题。

该标准通过分析、研究高炮、火箭在地面人影作业时存在不同的作业安全技术管理要求，通过分析、研究人影作业空域、作业点建设等存在的安全技术管理问题，制定相应的管理要求，从而规范地面作业安全管理，有效提高人影作业的安全性、科学性，减少安全事故的发生,有效提高作业的政治、社会和经济效益。

　　4)采用国际标准和国外先进标准(包括样品、样机的有关数据对比情况)的程度或者与国内同类标准水平的对比情况。

　　例如,气象行标《安全管理要求》未采用国际标准,国内外无相同或类似的标准。

　　5)与有关的现行法律、法规和强制性国家或行业标准的关系。

　　例如,气象行标《安全管理要求》为新起草的标准,不违背现行相关法律、法规和强制性标准。

　　6)重大分歧意见的处理过程和依据。

　　7)作为强制性标准或者推荐性标准的建议。

　　例如,建议气象行标《安全管理要求》作为推荐性行业标准颁布实施。

　　8)贯彻标准的要求、组织措施、技术措施、过渡办法和建议等内容。

　　例如,气象行标《安全管理要求》的有关内容如下:

　　①组织措施

　　建议由中国气象局人影业务管理部门在地面作业安全管理工作中执行本标准,同时将标准的宣传贯彻执行情况纳入目标管理考核;中国气象局气象干部培训学院加大标准的培训宣传力度,使各级人影业务管理人员熟悉该标准的内容;中国气象局政策法规司尽快印发标准文本,最好能保证每个固定作业点至少有 1 份标准文本。

　　建议各级气象部门组织人影业务管理人员、作业指挥和操作人员学习并掌握标准内容;每年启动人影作业前,将标准文本作为培训内容之一。有条件的地方,还可以作为业务学习竞赛的材料。

　　通过学习和应用,规范操作,提高人影作业的安全性。

　　②技术措施

　　将标准文本及其解读,刻写光盘下发学习。

　　③过渡办法

　　本标准颁布实施后,在文本印发前,通过各种网络媒体,积极宣传标准内容,让从事人影业务管理工作的人员尽快熟悉标准内容。同时,各地在使用标准中,有何问题或建议,可通过信函或电话、电子邮件等方式,及时向起草单位反馈,以便今后进一步修订完善。

9)废止现行有关标准的建议。

10)其他应予说明的事项。对需要有标准样品对照的气象标准,应当在审定标准前制出相应的标准样品。

4.1.4　组织初审

气象标准初稿完成后,应提交专家委员会初审。专家委员会成员一般不少于 5 人,均是相关领域的业务技术管理专家。专家委员会对标准的内容、结构等方面提出修改意见,交由起草组修改。例如,专家初审前后,气象行业标准《地面人工影响天气作业安全管理要求》的结构变化比较如下:

表 4.2　《地面人工影响天气作业安全管理要求》结构变化比较

初审前结构	初审后结构
前言	前言
1　范围	1　范围
2　术语和定义	2　术语和定义
3　管理原则	3　管理原则与机制
3.1　预防性	3.1　管理原则
3.2　规范性	3.2　管理机制
3.3　层次性	4　作业点管理
3.4　针对性	4.1　设置原则
3.5　实用性	4.2　场地要求
3.6　系统性	4.3　日常管理
4　管理分类	4.4　作业流程
4.1　管理机制	5　作业装备管理
4.2　管理方法	5.1　高炮
4.3　日常管理	5.2　火箭
5　影响因素	5.3　炮弹
5.1　从业人员	5.4　火箭弹
5.2　设备	5.5　移动雷达
5.3　作业现状	5.6　地面燃烧炉
5.4　预案	

续表

初 审 前 结 构	初 审 后 结 构
5.5　控制不安全因素	6　作业装备故障处理原则与预防措施
6　监督检查	6.1　处理原则
6.1　检查要求	6.2　预防措施
6.2　检查内容	7　空域管理
6.3　检查时间	7.1　空域申请要求
6.4　制定检查表	7.2　有关注意事项
6.5　检查步骤	8　作业管理
6.6　落实措施	8.1　作业人员要求
7　作业管理	8.2　作业公告
7.1　人员要求	9　监督检查
7.2　作业场地	9.1　检查时间
7.3　作业流程	9.2　检查内容
8　装置管理	9.3　检查要求
8.1　装置使用	9.4　检查表
8.2　装置保养	9.5　检查步骤
8.3　装置储运	9.6　整改措施
9　装置故障	10　安全事故调查处理
9.1　综合判断	10.1　调查前的准备
9.2　排除原则	10.2　调查处理原则
9.3　预防措施	10.3　现场询问
10　弹药管理	10.4　现场处理
10.1　弹药使用	10.5　收集物证
10.2　弹药运输	10.6　绘制事故图
10.3　弹药储存	10.7　现场取证材料
11　作业安全	10.8　信息报送
11.1　作业点管理	10.9　事故总结
11.2　空域管理	
11.3　作业公告	
11.4　安全事故调查故处理	

4.1.5　征求意见

气象标准初审后,起草组根据专家的意见修改后形成征求意见稿。征求意见稿要广泛征求意见,主要包括两种方式:一是向专家征求意见,其基本原则为社会性、广泛性和代表性。气象行业标准征求意见的单位包括气象业务、服务、生产、使用、科研、教学、质检、相关行业等,数量要求不少于 30 个(其中部门外的单位一般不少于

10 个),其中专业标准化技术委员会(以下简称"标委会")全体委员是必须要征求意见的专家。例如,气象行业标准《人工影响天气作业术语》曾向 46 个单位的专家征求意见。二是向大众征求意见。气象行业标准征求意见稿在标委会网站上向社会发布,时间一般不少于 1 个月。

　　专家和公众的意见应在规定期限内以书面方式回复,对于重要技术指标提出意见时,应附技术、经济论据。对征求意见的汇总处理,成秀虎先生深入研究处理步骤和方法,并发现了一些常见问题[39]。对征集意见的处理,标准起草组可按五步进行:一是归纳、整理回复意见。二是针对征集的意见,逐条研究处理:1)采纳:完全按征集的意见修改标准条款;2)部分采纳:选择征集的部分意见,修改标准的相应条款,说明未采纳的理由和依据;3)不采纳:说明不采纳的理由和依据,且不修改标准条款;4)待试验后确定:认为应根据新的情况进行必要的补充试验或重做试验,试验结果出来后,再决定是否采纳意见,修改标准相应条款;5)待标准审查会确定:认为意见分歧过大,一时难以统一,待标准审查会讨论、协商一致确定后,再对标准条款做相应修改。三是统计汇总意见处理情况。四是修改完善征求意见稿,从而形成标准送审稿。五是根据意见处理情况,修改完善标准的编制说明。在意见处理中,存在一些常见问题:一是在《意见汇总表》前,不按规定填写标准名称、单位、承办人、联系电话等。二是未按规定顺序逐条整理,导致标准审查专家不清楚标准的同一条款共有多少条意见,难以准确判断标准起草组对意见处理的科学性、准确性和合理性;三是标准起草组分析研究不够,意见处理不够科学准确合理;四是标准起草组工作马虎,办事不认真,在标准送审稿中明明没有采纳征求意见,却在《意见汇总表》中标明采纳或部分采纳;五是重大意见遗漏或重大分歧意见处理不当,以致标准审查时再次提及或重新讨论;六是未按要求汇总统计征求意见情况和意见处理情况,或虽汇总但统计数据不准确、不完整。总之，应在认真分析研究征求意见的基础上，3 个月内形成标准送审稿、编制说明、征求意见稿意见汇总处理表上交标委会。例如，气象行标《安全管理要求》在征求意见阶段，发送"征求意见稿"的单位和专家数是 90 个，收到"征求意见稿"后回函的单位 18 个，共收到意见 126 条，其中采纳 108 条、部分采纳 6 条、未采纳 12 条。

4.1.6　专家审查

气象标准必须经过标委会和有关部门审查（会审或函审）。为确保标准审查的质量和效率，专家审查增加把关环节，主要包括专家预审、标委会审查、专家审读和研究机构技术审查。

（1）专家预审

由于标准审查会涉及的专家多、单位多、审查时间长、协调难度大，因而在召开标准审查会前，标委会邀请有关业务领域的专家、标准化专家以及中国气象局相关职能司的管理人员共 5 人以上，对标准草案送审稿进行把关，针对审查会上可能遇到的问题，提出修改建议，解决相关问题，帮助标准起草组提前做好准备，有助于审查会专家意见的统一。

（2）标委会审查

接到气象标准审查会的通知后，标准起草组要按要求，准备好标准送审稿、编制说明、征求意见汇总处理表、引用的标准和文献、汇报材料 PPT 等材料（按要求准备纸质和电子版材料）。

气象标准审查一般由标委会全体委员组成审查委员会，未成立标委会的由主管部门聘请专家组成专家委员会进行审查，审查结论应如实写进会议纪要之中，内容应与《国家标准管理办法》中第十六条（一）至（九）项相符，包括：1）标准编制原则和确定标准主要内容（如操作规程、技术指标、参数、公式、性能要求、试验方法、检验规则等）的论据；2）主要试验（或验证）的分析、综述报告，技术经济论证，预期的经济效果；3）采用国际标准和国外先进标准的程度或与国内同类标准水平的对比情况;4)与有关的现行法律、法规和强制性国家标准的关系;5)重大分歧意见的处理过程和依据;6)国家标准作为强制性国家标准或推荐性国家标准的建议;7)贯彻国家标准的要求和组织措施、技术措施、过渡办法等建议;8)废止现行有关标准的建议;9)其他应予说明的事项。

召开气象标准审查会时,起草组应派2~3人参加,负责汇报标准有关情况(一般应为第一起草人)、回答专家提出的问题、记录专家提出的意见(必要时录音,避免出现差错)。

在气象标准通过审查后的10个工作日内,标准主编单位根据评审专家提出的意见对文本进行逐条修改,在意见汇总表中注明意见采纳或基本采纳、未采纳的情况,形成报批稿后,由主管部门连同修改的《编制说明》、《征求意见稿意见汇总处理表》、《审查会意见汇总处理表》、《审查会议纪要》、专家签字的审查委员会名单等上报标委会秘书处。

(3)专家审读

标委会秘书处聘请1~2位评审专家对标准报批稿进行再次审读,审读意见记入《专家评审意见汇总处理表》中。

对于审读专家提出的意见,标准研制单位需要再次给出修改意见。例如,气象行业标准《人工影响天气作业术语》起草组根据评审专家胡志晋先生提出的意见进行修改完善后,再将报批材料报标委会秘书处。

(4)研究机构技术审查

经专家审查的材料由标委会秘书处在5个工作日内报送中国气象局气象干部培训学院气象标准研究机构进行技术审查。气象标准研究机构主要审核四个方面的内容[48]:一是审核报批材料的齐全性,即审查报批材料的完整性、计划与报批材料的一致性以及计划的执行情况。二是审核标准制修订程序的合法性,即按照《国家标准管理办法》和《国家标准制订程序》的相关规定,审核标准制定程序及各个环节是否符合法律规定的程序要求。三是审核标准报批文本的内容合理性,即审核标准内容确立依据、标准与相关法律法规的协调情况和采用国际标准情况等。起草组在编制说明中,必须充分论证与说明标准内容的必要性、可行性、协调性、一致性等。四是审核标准报批文本的编写规范性,即是否符合 GB/T 1.1及相关的基础性国家标准的要求,重点关注标准的结构、篇章安排是否符合要求,内容表达、陈述方式、编排格式是否符合相关规定。该机构在 20 个工作日内将复核意见返回标委会秘书处;在 5 个工作日内,标委会秘书处将复核意见返回主管机构;在 10 个工作日内,标准起草单位修改完成标准报批材料和复核意见处理汇总表,由主管机构将其报标委会。

　　修改的标准材料再经专家审读无异议后,交气象标准研究机构再次对文字、格式等进行审读修改,审读人填写《复审单》。复审意见交标准起草单位再次修改完善后,将所有报批材料报送标委会秘书处。例如,气象标准研究机构对气象行业标准《人工影响天气作业术语》和《地面人工影响天气作业安全管理要求》复核时,在文字、格式等方面,分别提出修改意见 6、25 条,标准起草组逐条研究,认真修改完善标准文本。

4.1.7　发布实施

　　气象标准报批材料由标委会报送主管部门审批,按规定统一编号。在标准体系中,每个标准仅有唯一的固定编号。在标准编号时,字母代表一定的意义。如在 GB/T XXXX−YYYY 中,GB 是国家标准代码,汉语拼音"国标"的首字母;T 指推荐性标准,读音为汉语拼音"tui";XXXX 代表标准颁布编号;YYYY 代表标准颁布年份。例如:GB/T13387−1992《电子材料晶片参考面长度测量方法》为推荐性国家标准。同理,在气象行业标准、地方标准中,QX、DB 分别为"气象"、"地标"的汉语拼音首字母;DB 后数字为省、区、市行政编码。

气象领域的国家标准由国务院标准化主管机构以《中华人民共和国国家标准公告》的形式发布；气象行业标准由国务院气象主管机构以中国气象局通告文种的形式发布，并报国务院标准化主管机构备案；气象地方标准由各省（区、市）标准化行政主管机构以地方标准公告的形式发布，并报国务院标准化主管机构和国务院气象主管机构备案。经批准发布的气象标准，由中国质检出版社、气象出版社印刷发行。

气象标准发布后，国务院气象主管机构、省级气象主管机构发文，召开宣传贯彻会议，推动气象行业各级各部门扎实开展宣传贯彻活动，认真执行标准的有关规定，有关职能管理部门适时进行监督检查标准的贯彻执行情况。

4.1.8　复审结论

气象标准发布实施后，主管机关应组织相关部门学习、贯彻，并适时进行监督检查；在标准发布满 5 年后，要组织专家进行复审，确认继续有效、修订或废止等。例如，气象地方标准《人工影响天气火箭作业技术规范》2008 年 8 月发布时，仅有 4 章和 2 个附录；2014 年 12 月颁布的修订版中，针对过去实施中发现的问题和业务技术的变化，细化了空域使用、作业点、作业人员的管理，增加作业实施等内容，共有 6 章和 6 个附录，增强了火箭操作的安全性和标准使用的适用性，进一步完善了火箭作业安全技术管理。

4.2　标准研制要求

研制人影系列标准应当保持科学性、统一性、规范性、协调性、适用性和一致性[41]。

（1）科学性。系列标准的概念、定义和术语等内容正确且符合客观实际，反映事物本质和内在规律；叙述准确，文字简明，语义清楚,论点正确,论据充分,结论可靠;图表、数据、公式、符号、单位正确且保持前后一致,参考文献引用准确等。

(2)统一性。系列标准的结构、文体和术语力求保持统一,同样内容表达相同,确保标准使用者准确理解,便于计算机处理和辅助翻译。在结构方面,系列标准中的章、条、段、表、图和附录的排列顺序要统一。在文体方面,类似的条款应由类似的措辞来表达,相同的条款应由相同的措辞来表达。在术语方面,同一个概念应使用同一个术语,且每个术语只有唯一的含义。已定义的概念,不再使用其他同义词。

(3)规范性。在起草系列标准前,先按有关标准结构的规定,确定标准的预计结构和内在关系,特别是各个标准的名称、内容和层次的划分,统一安排相应的内容。在起草系列标准时,应遵守与标准制定有关的基础标准、编写规则、制定程序、相关法律法规以及我国标准制修订工作的基础性系列国家标准体系。例如,国家标准管理办法、行业标准管理办法、地方标准管理办法等。

(4)协调性。系列标准之间存在着广泛的内在联系,标准之间只有相互协调、相辅相成,才能达到整体协调,以充分发挥标准系统的功能,获得良好的系统效应。在制定系列标准的各个阶段、各个环节中,每项标准都应遵循现有基础通用标准的有关条款,需要与相应的现行标准互相协调、紧密衔接;考虑本领域的基础标准,与同一领域的有关标准相互协调,采用已经发布的标准中作出的规定。

(5)适用性。系列标准条款可操作性强,内容便于直接使用;要素设置符合适用性要求,内容便于实施,容易被其他标准、法律、法规或规章等引用;在当前正常的业务技术条件下,满足多数从业人员的工作能力。

(6)一致性。系列标准应尽可能与国家或行业标准保持一致,保持行业内的习惯用语(除非该习惯用语存在较大问题或已经废止不用)。

4.3　标准研制经验

如何更好地研制既科学、准确、实用,又方便实际操作、监督检查的标准呢?我们以气象行业标准《人工影响天气作业术语》和人工影响天气系列标准的研究经验为例,简要说明标准研制经验,以起到抛砖引玉的作用。

4.3.1　《人工影响天气作业术语》研究的经验

《人工影响天气作业术语》起草组在该标准的研制中,总结出的"要"字诀颇有新意[42],现分享如下:

(1)标准研制的人员要选好

一要知识面广。研制气象术语标准,不仅涉及气象专业知识,而且涉及多学科、多领域的相关知识,要求研制人员具有广博的科学文化知识,尤其要选择那些经过标准编制培训,具有熟悉术语标准研制知识和我国术语研制现状的人员。例如,由四川省人影办牵头组织的气象标准研制团队,成员来自中国气象局成都高原气象研究所、成都信息工程大学、黑龙江大学和四川省市级人影办等单位。因而,所研制的人影标准既有一定的理论基础,又利于操作检查。

二要写作水平高。研制气象术语标准,应力求文字清楚明白、精准简炼、易懂易行。因此,标准研制人员要不厌其烦,反复推敲,字斟句酌,力求更好。

(2)标准研制的意义要清楚

近年来,人影在防雹减灾、增雨抗旱、森林灭火、重大社会活动保障、水库增雨蓄水 、减轻大气污染以及增加江河径流、改善生态环境等方面发挥了重要作用,各级领导对其充分肯定,广大群众普遍给予赞扬。但是,由于全国没有统一、规范的人影作业术语,极不利于交流和管理。由四川省气象局负责起草,经中国气象局批准实施的气象行业标准《人工影响天气作业术语》,规范了人影作业的相关术语,可有效提高作业的科学性、有效性、管理水平和服务效益,标志着人影作业的规范化迈向了新阶段,其研制意义十分清楚。

(3)标准研制的方法要科学

一要查阅、收集近年出版的有关文献、参考资料和科研成果,对其比较研究、分类整理和分析评估,然后确定如何使用。

二要熟悉有关法律、法规和中国气象局的相关业务规范和管理规定,做到心中有数。

三要总结目前全国人影作业的实践经验,归纳存在问题,凝练技术指标,创新解决办法,经实践检验后升华为标准。

(4)标准研制的内容要合理

一是确定适用范围。范围是标准规范性的一般要素,同时也是必备要素,其内容分为两部分:一部分阐述标准中"有什么",另一部分阐述标准能"有什么用",便于别人看了"范围"之后,再进一步了解其他内容[43]。如:"本标准界定了人工影响天气作业的术语。本标准适用于人工影响天气作业。"

二是定义基本术语。基本术语共 28 条,不仅最基础,而且在人影作业中也常用。试举两例如下。

人工影响天气(weather modification):为避免或者减轻气象灾害,合理利用气候资源,在适当条件下通过科技手段对局部大气的物理过程进行人为影响,实现增雨(雪)、防雹、消雨、消雾、防霜等目的的活动。

人工影响天气作业(weather modification operation):用高炮、火箭、飞机、地面发生器等,将适当催化剂引入云雾中,或用其他技术手段进行人工影响天气的行为。

三是选择常用播云催化剂。我国土地辽阔,地形地势各异,气候类型多样,各地云物理特征差别较大,作业时选择的催化剂也不相同。目前只定义常用催化剂 6 条术语。试举 3 例如下。

干冰（dry ice）：固态二氧化碳（CO_2），常压下升华温度为 −78.5 ℃，汽化时吸热，可使周围空气迅速冷却而产生大量冰晶。

液氮（liquid nitrogen）：液态氮（N_2），常压下液化温度为 −195.85 ℃，汽化时吸热，可使周围空气迅速冷却而产生大量冰晶。

碘化银焰火剂（silver iodide pyrotechnics）：将碘化银与燃烧剂、粘结剂等混合制成的药剂，燃烧分散后作为冷云催化剂。

四是选择常用作业装备。主要考虑目前普遍使用的作业工具，共定义 14 条术语。试举 3 例如下：

高炮（antiaircraft gun）：用于发射增雨防雹炮弹的高射炮。

火箭作业系统（rocket operation system）：由火箭弹、发射架和发射控制器等组成的增雨防雹作业系统。

地面发生器（ground generator）：在地面释放催化剂的装置。

五是定义地面作业术语。在地面人影作业中，主要定义发射仰角、射程和禁射区等 8 条术语。试举 3 例如下：

发射仰角（launch elevation）：高炮、火箭从地面向空中目标云体发射时与水平面构成的角度。

射程（range）：高炮、火箭在空中播撒催化剂的最大水平距离。

禁射区（forbidden area of fire）：依据有关安全规定，确定禁止高炮、火箭发射实施人工影响天气作业的区域。

六是确定飞机作业术语。定义与飞机作业有关的主要术语有 4 条，试举两例如下：

飞机增雨（雪）（aircraft precipitation enhancement）：利用飞机在云体的适当部位，选择适当的时机，播撒适合的催化剂，以增加地面降水量的科学技术措施。

作业飞行（weather modification flight）：实施人工影响天气作业的飞行。

七是定义作业效果评估。主要定义了效果评估、效益评估以及

物理检验、数值模拟和统计检验等 5 条术语,试举两例如下:

效果评估(assessment of effect):检验人工影响天气作业后是否有效果,并评价其效果大小的工作。

统计检验(statistical test):用统计学原理,对人工影响天气作业后的效果加以评估的方法。

八是定义作业管理。在作业管理中,主要涉及作业的地点、人员、弹药、空域、记录、作业安全等 22 条术语,试举两例如下:

作业时限(approved time period):经飞行管制部门和航空管理部门批准,限定飞机、高炮、火箭等的作业时段。

作业安全事故(security accident of operation):人工影响天气作业造成财物损失和人畜伤亡的安全事故。

(5)研制标准的技巧要多样

一是定义应简明。在标准研制中,给术语下定义,应简单明了、清楚易懂。试举两例如下:

《大气科学词典》对“对比区”的解释:“对比区:又称控制区。人工影响天气试验中,为了检验效果而选作对比的且不受催化影响的区域……”研制时改为:“对比区(control area):为了检验作业效果而选作对比的且不受催化影响的区域。”

《大气科学词典》对“碘化银”的解释:“碘和银的化合物。分子式为 AgI,一般为黄色六角形结晶,密度约为 5.68 g/cm^3,熔点为 552 ℃,沸点为 1506 ℃。其成冰阈温约为 -5 ℃。碘化银为六方晶体,……”。研制时改写为:“碘化银(silver iodide):碘和银的化合物(AgI),一般为黄色六角形结晶,与自然冰晶的晶格结构相似,常用作人工冰核。”类似的还有:凝结核、播云催化、冷云、暖云催化、冰云、液氮、干冰等。

二是创建要科学。对于原来有术语,但在科学性方面有所欠缺的,需要创建新的术语并对其定义。试举两例如下:

原来只有高炮作业时,作业地点称“炮点”,后来有火箭作业了,也称"炮点",显然不科学。为此,我们重新建立"作业点"术语并定义"作业点(operating spot):用于地面实施人工影响天气作业的地点"。

原来操作高炮的人员称"炮手",后来,有了火箭操作人员,有些地方叫"箭手",现在有的单位采用地面燃烧炉和飞机实施作业,难道其作业人员就分别称为"炉手"、"机手"吗?为此,我们创建了包括各类操作人员的术语"作业人员(weather modification operator):有资格从事人工影响天气作业装备操作的人员"。

对于本来就没有术语,但在业务中又经常使用,且不规范的用语,就更需要创建新的术语。试举两例如下:

"年检(annual verification):按照技术规范,每年对作业装备进行一次全面检查维修的活动"。

"作业飞机(seeding aircraft):用于实施人工影响天气作业的飞机"。

三是派生能力要强。创建新术语,词语越简短,组合能力越强,越能组成新词或词组。例如:创建术语"作业点",以此派生出"固定作业点、流动作业点、临时作业点"等术语。

(6)标准文稿要不断完善

由于受当时科技水平、专业知识、思想认识等方面的影响,标准研制虽然难以做到尽善尽美,但必须精益求精、不断完善,力求做到准确科学、简明实用。

目前,在《中国气象标准化网》上,虽然《人工影响天气作业术语》的点击量位居前列,但是术语的条目总数相对较少,也可能还存在上下位概念之间的关系尚未处理好,分类也不太合理,各章术语数量差异较大(最多 28 条,最少 4 条),有的术语定义还不够精准简洁。建议气象主管机构加强培训,提高标准研制人员的术语标准基本知识和专业技能,组织标准研制人员进一步修订完善。

4.3.2　人工影响天气系列标准的研究经验

从 2005 年起,根据人影工作中存在的问题,从急需解决的安全管理问题出发,围绕如何强化安全作业,减少安全事故,提高作业能力、科技水平和作业效益,经过深入调研,我们研制了《人工影响天气作业术语》《地面人工影响天气作业安全管理要求》两个气象行业标准和《人工影响天气固定作业点建设规范》《空中水资源评估方法》[44]和《飞机人工增雨(雪)作业技术规范》[45]等 8 个气象地方标准,标准内容涵盖了人影基础业务、作业技术、装备检测、安全管理、评估方法等方面。四川省人影办现已成为全国人影部门中研制气象标准最多的单位,也是四川省气象部门编制气象标准的核心成员单位之一。总结多年研制人影系列技术标准的实践,在以下五个方面积累了较丰富的研制经验。

(1)瞄准业务,重在实用

首先,从业务管理工作中,收集、整理人影作业装置和弹药的运输与储存、作业空域申请的复核与回复、作业点的建设与管理等出现的问题。其次,查阅、检索相关文献资料和科研成果。再次,针对问题分析,找出解决方法。最后,凝练提升为标准。多年来,我们根据业务中凝练的突出问题,研制符合人影工作实际需要的气象标准,从而提升人影工作的科学化、规范化管理,减少或避免人影安全事故。2014 年 6 月,在中国气象局政策法规司组织的气象行业标准《人工影响天气作业术语》调查评估中,四川省 61.1%的市(州)气象局回答应用效果显著。

(2)突出针对性,分类指导性强

在人影安全管理中,我们针对高炮、火箭等不同类型的装备对作业安全技术的不同要求,经过精心调研和科学论证,研制了气象地方标准《人工影响天气火箭作业技术规范》《人工影响天气固定作业点建设规范》等 8 个气象地方标准,分别指导火箭安

全操作、固定作业点建设等相关工作,提高了业务管理的水平和
效益。

(3)抓潜在问题,挖管理细节

通过深入调查研究,充分挖掘人影作业装备的储存运输,作业
空域的安全使用,作业点的科学选择、建设与管理,从中挖掘出容易
发生安全隐患的细节,先后研制气象行业标准《人工影响天气作业
术语》、《地面人工影响天气作业安全管理要求》和气象地方标准《人
工影响天气火箭作业系统年检规范》[46]等,深化了细节管理,把潜
在的风险隐患消灭在萌芽之中。

(4)需求作牵引,应用促升华

由于国内外无相同或相似的标准、规范可以借鉴,人影标准研
制从零开始。多年来,四川省人影办一方面针对业务管理、标准研
制中存在的问题,先后开展《省级人工影响天气应急体系研究》、《人
工影响天气业务系列技术规范研究》和《人工影响天气术语标准研
究》等项目的研究。另一方面,又以上述研究成果为基础,申报新的
项目,研制或修订新的标准。例如,气象地方标准《人工影响天气火
箭作业技术规范》,2014年12月的修订版与2008年8月的版本比
较,就增加了许多解决新问题的条款和内容,使修订版更科学、更
完善。

(5)领导重视,多方支持

一方面,四川省人影办领导高度重视,不仅从科学化、规范化和
标准化的高度认识到标准对气象业务的重要性和紧迫性,而且在研
究人员、经费、项目申报等方面给予大力支持。另一方面,中国气象
局、四川省气象局、省质量技术监督局和四川省市级人影部门在气
象标准研制、重要技术标准立项方面也给予大力支持,保证了标准
研制和项目研究的顺利完成。

4.4　标准应用效果

中国气象局政策法规司为掌握已颁布实施的气象标准应用情况,于 2014 年 3 月在全国开展应用评估活动。四川省气象局根据《气象标准应用评估实施方案》,确定以气象行业标准《人工影响天气作业术语》作为典型评估重点,开展问卷调查和实地调研活动,形成应用评估报告如下。

4.4.1　有关背景情况

2007 年 4 月 5 日,四川省人影办承担《人工影响天气作业术语》具体研制工作。经多次修改,数易其稿,在完成初审、征求意见、预审、评审、审读、复核等规定程序后,2012 年 8 月 30 日,中国气象局批准《人工影响天气作业术语(QX/T 151—2012)》,自 2012 年 11 月 1 日起实施。

2012 年 9 月 19 日,该标准负责人在黑龙江大学与中国术语学研究所郑述谱教授、叶其松博士交流《人工影响天气作业术语》研制的有关情况时,郑教授充分肯定该标准在术语方面的实践经验。标准研制起草组按郑教授要求,还撰写了《术语编纂论》中的附录之一:如何研制气象术语标准[47]。10 月 24 日,该标准负责人根据中国气象局法规司的要求,制作《2012 年气象行业标准远程培训》课件,讲解有关内容。该课件整理稿于 2013 年发表在中国气象局气象干部培训学院、中国气象局政策法规司主办的《气象标准化通讯》上。

2013 年 4 月,该标准研制负责人在四川省标准化高级研讨班上,就《人工影响天气作业术语》研制作了交流,受到四川质监系统标准化同行的好评。同年 10 月,该标准研制负责人又在全国科学技术名词审定委员会主办、解放军外国语学院(洛阳)承办的第五届

"中国术语学建设暨术语规范化"研讨会上,作了题为《〈人工影响天气作业术语〉编写体会》[48]的发言,获得与会代表的赞誉。

4.4.2　调查问卷分析

2014 年 5 月 22 日,调研评估小组向四川省 21 个市(州)人影办、西南民航管制中心、成都军区水文气象中心发出《气象行业标准〈人工影响天气作业术语〉评估调查问卷》,截止 6 月 5 日,共收到调查问卷 18 份。5 月 28 日,调研评估小组在四川省江油市召开的标准评估调研座谈会上,收到与会人员提出的 6 条建议。

根据问卷调查中的 5 个方面,逐项分析如下:

(1)该标准的宣贯情况和主要应用范围和领域是什么(请详细说明用于哪项具体的业务、服务、科研或者管理工作)? 您希望通过何种方式获取标准文本?

根据问卷调查,成都、广元、内江、甘孜等 12 个市(州)政府和各地人影办,通过召开会议、培训会、世界气象纪念日、网站等形式宣贯该标准内容。

该标准主要应用在人工增雨(雪)、人工消(减)雨、人工防雹、空中水资源开发、森林(草原)防(灭)火、重大活动气象保障服务等地面人影作业和制订人影作业计划、方案设计、作业指挥、效果评估等方面。广元、凉山等市(州)人影办运用该标准开展水库人工增雨气象条件研究、对外发布人影作业公告。

34%的市(州)希望通过互联网、气象网站、人影业务系统或纸质文本获取标准文本;希望省气象局法规处或省人影办统一印制下发标准文本。有些市(州)希望通过公开发行方式获取标准文本单行本。

(2)该标准是否好用(科学性、协调性、规范性)? 对相关工作是否起到技术支撑和保障作用(应用在两项以上的请分别说明)?

对于该标准是否好用的问题,33.3%的市(州)人影办回答好用或起积极作用;61.1%的市(州)认为该标准对相关工作起到技术支撑和保障作用;5.6%的市(州)对上述问题的回答模棱两可。

(3)该标准应用后的社会经济效益如何?

在问卷调查中,61.1%的市(州)回答有作用、有积极作用、效果显著;22.2%的市(州)回答不清楚或无法统计、无据可依;11.1%的市(州)未回答;5.6%的市(州)回答效果不明显。

(4)该标准应用中存在哪些问题和不足?

在问卷中,72.2%的市(州)无意见或建议;5.6%的市(州)回答不清楚;11.1%的市(州)回答模棱两可;11.1%的市(州)认为标准存在不足。西南民航管制中心对人工防霜、播云催化剂、吸湿催化剂等10条术语提出了修改建议。

(5)您对提高气象标准适用性有哪些意见和建议?您希望气象标准化技术委员会、四川省气象局有关职能处(室)、各业务单位应如何改进工作以促进气象标准的应用?

在问卷中,61.1%的市(州)回答无意见或建议;22.2%的市(州)明确提出建议;16.7%的市(州)回答模棱两可。

2014年5月28日,在四川省江油市召开的标准评估调研座谈会上,与会代表建议:每个县局下发一本《人工影响天气作业术语》标准;省气象局应加强标准方面的宣传和培训;制定浅显易懂、容易操作的作业效果评估标准;像《维基百科》一样,建立一个只可增加不可删除的术语标准网站;增加术语"播撒距离";气象标准要简单、实用。

通过问卷调查和实地调研,气象行业标准《人工影响天气作业术语》应用效果较好,但不够完善。我国气象标准应用情况调查结果显示,2013年8月以前实施的38项气象国家标准和184项气象行业标准,按使用频度"经常、一般、偶尔、不使用"四个等级进行评价,经常使用率仅为31%,主要原因在于强化标准实施的方式方法不多,没有形成依据标准开展业务服务、管理的工作机制,导致业务管理、技术人员对标准"不想用、不会用、不能用"[49],建议气象主管机构今后加强标准应用宣传监督管理指导,加强标准应用效果的评估研究。

参考文献

[1] 郝克俊,王维佳,余芳,陈碧辉. 人工影响天气作业术语[S]. 中国气象局,QXT 151—2012.

[2] 郝克俊,徐精忠,耿蔚,等.浅议人工影响天气地面作业安全管理[J].高原山地气象研究,2013增刊.

[3] 全国人民代表大会常务委员会.中华人民共和国气象法,1999.

[4] 国务院.人工影响天气管理条例,2002.

[5] 中国气象局.人工影响天气安全管理规定,2003.

[6] 王仲斌,高仲宁,龚固宾,等.人工影响天气作业用37 mm高炮安全操作规范[S].中国气象局,QX/T 165—2012.

[7] 郝克俊,王维佳,余芳,陈碧辉.人工影响天气作业术语[S].中国气象局,QXT 151—2012.

[8] 吴宏彪,赵辉.精细化管理持续改善[M].北京:北京理工大学出版社,2013.

[9] 王秀卫.人工影响天气法律制度研究[M],北京:法律出版社,2010.

[10] 汪中求.细节决定成败[M].北京:新华出版社,2004.

[11] 郝克俊,徐精忠,张世林,等.关于完善人工影响天气作业安全事故应急处理的思考[J].高原山地气象研究,2012增刊.

[12] 中国气象局办公室.气象标准化制修订管理细则,2013.

[13] 郝克俊,王维佳,陈碧辉,等.地面人工影响天气作业安全管理要求[S].中国气象局,QX/T 297—2015.

[14] 郝克俊,余芳,刘建西,等.人工影响天气火箭作业技术规范[S].四川省质量技术监督局,DB51/T 855—2008.

[15] 全国人民代表大会常务委员会.中华人民共和标准化法,1988.

[16] 国务院.中央军事委员会令第371号.通用航空飞行管制条例.2003.

[17] 国务院.中央军事委员会令第 178 号.民兵武器装备管理条例.1995.

[18] 中国气象局政策法规司.气象标准汇编 2000－2014[M].北京:气象出版社,2014.

[19] 中国气象局政策法规司.气象地方标准汇编 1997－2007[M].北京,气象出版社,2009.

[20] 中华人民共和国国家质量监督检验检疫总局.标准化工作导则 第 1 部分:标准的结构和编写,北京:中国标准出版社,2009.

[21] 中国气象局科技教育司.高炮人工防雹增雨业务规范(试行).2000.

[22] 中国气象局科技教育司.飞机人工增雨作业业务规范(试行).2000.

[23] 朱炳海,王鹏飞,束家鑫.气象学词典[M].上海:上海辞书出版社,1985.

[24] 大气科学辞典编委会.大气科学辞典[M].北京:气象出版社,1994.

[25] 全国科学技术名词审定委员会.大气科学名词(第三版)[M].北京:科学出版社,2009.

[26] 周公度.化学辞典(第二版)[M].北京:化学工业出版社,2011.

[27] 中国气象局科技发展司.人工影响天气岗位培训教材[M].北京:气象出版社,2003.

[28] 马官起,王洪恩,王金民,等. 人工影响天气三七高炮实用教材[M]. 北京:气象出版社,2005.

[29] 郭学良,杨军,章澄昌.大气物理与人工影响天气[M].北京:气象出版社,2010.

[30] 李大山,章澄昌,许焕斌,等. 人工影响天气现状与展望[M].北京:气象出版社,2002.

[31] 许焕斌,段英,刘海月. 雹云物理与防雹的原理和设计——对流云物理与防雹增雨[M].北京:气象出版社,2006.

[32] 郑国光,陈跃,王鹏飞,等,译. 人工影响天气研究中的关键问题[M].北京:气象出版社,2005.

[33] 贾明书,马凤春,王锡科,等.气象仪器术语(QX/T 8—2002),中国气象局.

[34] 周凌晞,姚波,刘立新,等.温室气体本底观测术语(QX/T 125—2001),中国气象局.

[35] 黄潇.浅议如何编写术语及定义[J].气象标准化通讯,2011.

[36] 詹兆渝,陈文秀,范雄,马振锋.气候术语[S]. 四川省质量技术监督局,

DB51/T 582—2013.

[37] 徐德力,张兴强,丁善文,等.短消息 LED 屏气象信息显示规范[S].中国气象局,QXT 171—2012.

[38] 郝克俊,王维佳,陈碧辉,等.人工影响天气固定作业点建设规范[S].四川省质量技术监督局,DB51/T 1223—2011.

[39] 成秀虎.征求意见汇总处理的目的、方法及常见问题[J].气象标准化,2015.

[40] 成秀虎.从复核向标准化技术审查过渡——关于复核工作再定位的思考[J].气象标准化,2013.

[41] 白殿一,等.标准的编写[M].北京:中国标准出版社,2009.

[42] 郝克俊,谢迎春.《人工影响天气作业术语》(QX/T 151—2012)解读[J].气象标准化通讯,2013.

[43] 白殿一,等.标准的编写[M].北京:中国标准出版社,2009,104-105.

[44] 王维佳,郝克俊,陈碧辉,等.空中水资源评估方法[S].四川省质量技术监督局,DB51/T 1445—2012.

[45] 王维佳,郝克俊,陈碧辉,等.飞机人工增雨(雪)作业技术规范[S].四川省质量技术监督局,DB51/T 1708—2013.

[46] 郝克俊,徐精忠,王维佳,等.人工影响天气火箭作业系统年检规范[S].四川省质量技术监督局,DB51/T 977—2009.

[47] 郑述谱,叶其松.术语编纂论[M].上海:上海辞书出版社,2015.

[48] 刘青,易绵竹,刘伍颖,等.术语学研究新进展[M].北京:国防工业出版社,2015.

[49] 包正擎,周韶雄.改进气象标准化工作机制的思考[J].气象标准化,2015.

附录 1　安全管理法规文件摘录

附录 1.1　人工影响天气管理条例

中华人民共和国国务院令　第 348 号

《人工影响天气管理条例》已经 2002 年 3 月 13 日国务院第 56 次常务会议讨论通过,现予公布,自 2002 年 5 月 1 日起施行。

总理　朱镕基

二〇〇二年三月十九日

第一条　为了加强对人工影响天气工作的管理,防御和减轻气象灾害,根据《中华人民共和国气象法》的有关规定,制定本条例。

第二条　在中华人民共和国领域内从事人工影响天气活动,应当遵守本条例。

第三条　本条例所称人工影响天气,是指为避免或者减轻气象灾害,合理利用气候资源,在适当条件下通过科技手段对局部大气的物理、化学过程进行人工影响,实现增雨雪、防雹、消雨、消雾、防霜等目的的活动。

第四条　人工影响天气工作按照作业规模和影响范围,在作业地县级以上地方人民政府的领导和协调下,由气象主管机构组织实施和指导管理。

第五条 开展人工影响天气工作,应当制定人工影响天气工作计划。人工影响天气工作计划由有关地方气象主管机构商同级有关部门编制,报本级人民政府批准后实施。

按照有关人民政府批准的人工影响天气工作计划开展的人工影响天气工作属于公益性事业,所需经费列入该级人民政府的财政预算。

第六条 组织实施人工影响天气作业,应当具备适宜的天气气候条件,充分考虑当地防灾减灾的需要和作业效果。

第七条 国家鼓励和支持人工影响天气科学技术研究,推广使用先进技术。

县级以上地方人民政府应当组织专家对人工影响天气作业的效果进行评估,并根据评估结果,对提供决策依据的有关单位给予奖惩。

第八条 人工影响天气的作业地点,由省、自治区、直辖市气象主管机构根据当地气候特点、地理条件,依照《中华人民共和国民用航空法》、《中华人民共和国飞行基本规则》的有关规定,会同有关飞行管制部门确定。

第九条 从事人工影响天气作业的单位,应当符合省、自治区、直辖市气象主管机构规定的条件。

第十条 从事人工影响天气作业的人员,经省、自治区、直辖市气象主管机构培训、考核合格后,方可实施人工影响天气作业。

利用高射炮、火箭发射装置从事人工影响天气作业的人员名单,由所在地的气象主管机构抄送当地公安机关备案。

第十一条 利用高射炮、火箭发射装置实施人工影响天气作业,由作业地的县级以上地方气象主管机构向有关飞行管制部门申请空域和作业时限。

利用飞机实施人工影响天气作业,由省、自治区、直辖市气象主管机构向有关飞行管制部门申请空域和作业时限;所需飞机由军队或者民航部门按照供需双方协商确定的方式提供；机场管理机构及有关单位应当根据人工影响天气工作计划做好保障工作。

有关飞行管制部门接到申请后，应当及时作出决定并通知申请人。

第十二条　实施人工影响天气作业，必须在批准的空域和作业时限内，严格按照国务院气象主管机构规定的作业规范和操作规程进行，并接受县级以上地方气象主管机构的指挥、管理和监督，确保作业安全。

实施人工影响天气作业，作业地的气象主管机构应当根据具体情况提前公告，并通知当地公安机关做好安全保卫工作。

第十三条　作业地气象台站应当及时无偿提供实施人工影响天气作业所需的气象探测资料、情报、预报。

农业、水利、林业等有关部门应当及时无偿提供实施人工影响天气作业所需的灾情、水文、火情等资料。

第十四条　需要跨省、自治区、直辖市实施人工影响天气作业的，由有关省、自治区、直辖市人民政府协商确定；协商不成的，由国务院气象主管机构商有关省、自治区、直辖市人民政府确定。

第十五条　实施人工影响天气作业使用的火箭发射装置、炮弹、火箭弹，由国务院气象主管机构和有关部门共同指定的企业按照国家有关强制性技术标准和要求组织生产。

因作业需要采购前款规定设备的，由省、自治区、直辖市气象主管机构按照国家有关政府采购的规定组织采购。

第十六条　运输、存储人工影响天气作业使用的高射炮、火箭发射装置、炮弹、火箭弹，应当遵守国家有关武器装备、爆炸物品管理的法律、法规。实施人工影响天气作业使用的炮弹、火箭弹，由军队、当地人民武装部协助存储；需要调运的，由有关部门依照国家有关武器装备、爆炸物品管理的法律、法规的规定办理手续。

第十七条　实施人工影响天气作业使用的高射炮、火箭发射装置,由省、自治区、直辖市气象主管机构组织年检;年检不合格的,应当立即进行检修,经检修仍达不到规定的技术标准和要求的,予以报废。

第十八条　禁止下列行为:

(一)将人工影响天气作业设备转让给非人工影响天气作业单位或者个人;

(二)将人工影响天气作业设备用于与人工影响天气无关的活动;

(三)使用年检不合格、超过有效期或者报废的人工影响天气作业设备。

人工影响天气作业单位之间需要转让人工影响天气作业设备的,应当报经有关省、自治区、直辖市气象主管机构批准。

第十九条　违反本条例规定,有下列行为之一,造成严重后果的,依照刑法关于危险物品肇事罪、重大责任事故罪或者其他罪的规定,依法追究刑事责任;尚不够刑事处罚的,由有关气象主管机构按照管理权限责令改正,给予警告;情节严重的,取消作业资格;造成损失的,依法承担赔偿责任:

(一)违反人工影响天气作业规范或者操作规程的;

(二)未按照批准的空域和作业时限实施人工影响天气作业的;

(三)将人工影响天气作业设备转让给非人工影响天气作业单位或者个人的;

(四)未经批准,人工影响天气作业单位之间转让人工影响天气作业设备的;

(五)将人工影响天气作业设备用于与人工影响天气无关的活动的。

第二十条　违反本条例规定,组织实施人工影响天气作业,造成特大安全事故的,对有关主管机构的负责人、直接负责的主管人员和其他直接责任人员,依照《国务院关于特大安全事故行政责任追究的规定》处理。

第二十一条　为军事目的从事人工影响天气活动的具体管理办法,由中央军事委员会制定。

第二十二条　本条例自 2002 年 5 月 1 日起施行。

附:《刑法》有关条文

第一百一十五条　放火、决水、爆炸、投毒或者以其他危险方法致人重伤、死亡或者使公私财产遭受重大损失的,处 10 年以上有期徒刑、无期徒刑或者死刑。

过失犯前款罪的,处 3 年以上 7 年以下有期徒刑;情节较轻的,处 3 年以下有期徒刑或者拘役。

第一百三十四条　工厂、矿山、林场、建筑企业或者其他企业、事业单位的职工,由于不服管理、违反规章制度,或者强令工人违章冒险作业,因而发生重大伤亡事故或者造成其他严重后果的,处 3 年以下有期徒刑或者拘役;情节特别恶劣的,处 3 年以上 7 年以下有期徒刑。

第一百三十六条　违反爆炸性、易燃性、放射性、毒害性、腐蚀性物品管理规定,在生产、储存、运输、使用中发生重大事故,造成严重后果的,处 3 年以下有期徒刑或者拘役;后果特别严重的,处 3 年以上 7 年以下有期徒刑。

第三百九十七条　国家机关工作人员滥用职权或者玩忽职守,致使公共财产、国家和人民利益遭受重大损失的,处 3 年以下有期徒刑或者拘役;情节特别严重的,处 3 年以上 7 年以下有期徒刑。本法另有规定的,依照规定。

国家机关工作人员徇私舞弊,犯前款罪的,处 5 年以下有期徒刑或者拘役;情节特别严重的,处 5 年以上 10 年以下有期徒刑。本法另有规定的,依照规定。

（引自中国气象局网站,2008 年 6 月 11 日）

附录 1.2　民用爆炸物品安全管理条例

《民用爆炸物品安全管理条例》已经 2006 年 4 月 26 日国务院第 134 次常务会议通过，现予公布，自 2006 年 9 月 1 日起施行。根据 2014 年 7 月 9 日国务院第 54 次常务会议《国务院关于修改部分行政法规的决定》修订）。

民用爆炸物品安全管理条例

第一章　总　则

第一条　为了加强对民用爆炸物品的安全管理，预防爆炸事故发生，保障公民生命、财产安全和公共安全，制定本条例。

第二条　民用爆炸物品的生产、销售、购买、进出口、运输、爆破作业和储存以及硝酸铵的销售、购买，适用本条例。

本条例所称民用爆炸物品，是指用于非军事目的、列入民用爆炸物品品名表的各类火药、炸药及其制品和雷管、导火索等点火、起爆器材。

民用爆炸物品品名表，由国务院国防科技工业主管部门会同国务院公安部门制订、公布。

第三条　国家对民用爆炸物品的生产、销售、购买、运输和爆破作业实行许可证制度。

未经许可，任何单位或者个人不得生产、销售、购买、运输民用爆炸物品，不得从事爆破作业。

严禁转让、出借、转借、抵押、赠送、私藏或者非法持有民用爆炸物品。

第四条　国防科技工业主管部门负责民用爆炸物品生产、销售的安全监督管理。

公安机关负责民用爆炸物品公共安全管理和民用爆炸物品购买、运输、爆破作业的安全监督管理,监控民用爆炸物品流向。

安全生产监督、铁路、交通、民用航空主管部门依照法律、行政法规的规定,负责做好民用爆炸物品的有关安全监督管理工作。

国防科技工业主管部门、公安机关、工商行政管理部门按照职责分工,负责组织查处非法生产、销售、购买、储存、运输、邮寄、使用民用爆炸物品的行为。

第五条　民用爆炸物品生产、销售、购买、运输和爆破作业单位(以下称民用爆炸物品从业单位)的主要负责人是本单位民用爆炸物品安全管理责任人,对本单位的民用爆炸物品安全管理工作全面负责。

民用爆炸物品从业单位是治安保卫工作的重点单位,应当依法设置治安保卫机构或者配备治安保卫人员,设置技术防范设施,防止民用爆炸物品丢失、被盗、被抢。

民用爆炸物品从业单位应当建立安全管理制度、岗位安全责任制度,制订安全防范措施和事故应急预案,设置安全管理机构或者配备专职安全管理人员。

第六条　无民事行为能力人、限制民事行为能力人或者曾因犯罪受过刑事处罚的人,不得从事民用爆炸物品的生产、销售、购买、运输和爆破作业。

民用爆炸物品从业单位应当加强对本单位从业人员的安全教育、法制教育和岗位技术培训,从业人员经考核合格的,方可上岗作业;对有资格要求的岗位,应当配备具有相应资格的人员。

第七条　国家建立民用爆炸物品信息管理系统,对民用爆炸物品实行标识管理,监控民用爆炸物品流向。

民用爆炸物品生产企业、销售企业和爆破作业单位应当建立民用爆炸物品登记制度,如实将本单位生产、购买、运输、储存、使用民用爆炸物品的品种、数量和流向信息输入计算机系统。

第八条　任何单位或者个人都有权举报违反民用爆炸物品安全管理规定的行为;接到举报的主管部门、公安机关应当立即查处,并为举报人员保密,对举报有功人员给予奖励。

第九条　国家鼓励民用爆炸物品从业单位采用提高民用爆炸物品安全性能的新技术,鼓励发展民用爆炸物品生产、配送、爆破作业一体化的经营模式。

第二章　生　产

第十条　设立民用爆炸物品生产企业,应当遵循统筹规划、合理布局的原则。

第十一条　申请从事民用爆炸物品生产的企业,应当具备下列条件:

(一)符合国家产业结构规划和产业技术标准;

(二)厂房和专用仓库的设计、结构、建筑材料、安全距离以及防火、防爆、防雷、防静电等安全设备、设施符合国家有关标准和规范;

(三)生产设备、工艺符合有关安全生产的技术标准和规程;

(四)有具备相应资格的专业技术人员、安全生产管理人员和生产岗位人员;

(五)有健全的安全管理制度、岗位安全责任制度;

(六)法律、行政法规规定的其他条件。

第十二条　申请从事民用爆炸物品生产的企业,应当向国务院国防科技工业主管部门提交申请书、可行性研究报告以及能够证明其符合本条例第十一条规定条件的有关材料。国务院国防科技工业主管部门应当自受理申请之日起 45 日内进行审查,对符合条件的,核发《民用爆炸物品生产许可证》;对不符合条件的,不予核发《民用爆炸物品生产许可证》,书面向申请人说明理由。

民用爆炸物品生产企业为调整生产能力及品种进行改建、扩建的,应当依照前款规定申请办理《民用爆炸物品生产许可证》。

第十三条　取得《民用爆炸物品生产许可证》的企业应当在基

本建设完成后,向国务院国防科技工业主管部门申请安全生产许可。国务院国防科技工业主管部门应当依照《安全生产许可证条例》的规定对其进行查验,对符合条件的,在《民用爆炸物品生产许可证》上标注安全生产许可。民用爆炸物品生产企业持经标注安全生产许可的《民用爆炸物品生产许可证》到工商行政管理部门办理工商登记后,方可生产民用爆炸物品。

民用爆炸物品生产企业应当在办理工商登记后 3 日内,向所在地县级人民政府公安机关备案。

第十四条 民用爆炸物品生产企业应当严格按照《民用爆炸物品生产许可证》核定的品种和产量进行生产,生产作业应当严格执行安全技术规程的规定。

第十五条 民用爆炸物品生产企业应当对民用爆炸物品做出警示标识、登记标识,对雷管编码打号。民用爆炸物品警示标识、登记标识和雷管编码规则,由国务院公安部门会同国务院国防科技工业主管部门规定。

第十六条 民用爆炸物品生产企业应当建立健全产品检验制度,保证民用爆炸物品的质量符合相关标准。民用爆炸物品的包装,应当符合法律、行政法规的规定以及相关标准。

第十七条 试验或者试制民用爆炸物品,必须在专门场地或者专门的试验室进行。严禁在生产车间或者仓库内试验或者试制民用爆炸物品。

第三章 销售和购买

第十八条 申请从事民用爆炸物品销售的企业,应当具备下列条件:

(一)符合对民用爆炸物品销售企业规划的要求;

(二)销售场所和专用仓库符合国家有关标准和规范;

(三)有具备相应资格的安全管理人员、仓库管理人员;

(四)有健全的安全管理制度、岗位安全责任制度;

(五)法律、行政法规规定的其他条件。

第十九条 申请从事民用爆炸物品销售的企业,应当向所在地省、自治区、直辖市人民政府国防科技工业主管部门提交申请书、可行性研究报告以及能够证明其符合本条例第十八条规定条件的有关材料。省、自治区、直辖市人民政府国防科技工业主管部门应当自受理申请之日起 30 日内进行审查,并对申请单位的销售场所和专用仓库等经营设施进行查验,对符合条件的,核发《民用爆炸物品销售许可证》;对不符合条件的,不予核发《民用爆炸物品销售许可证》,书面向申请人说明理由。

民用爆炸物品销售企业持《民用爆炸物品销售许可证》到工商行政管理部门办理工商登记后,方可销售民用爆炸物品。

民用爆炸物品销售企业应当在办理工商登记后 3 日内,向所在地县级人民政府公安机关备案。

第二十条 民用爆炸物品生产企业凭《民用爆炸物品生产许可证》,可以销售本企业生产的民用爆炸物品。

民用爆炸物品生产企业销售本企业生产的民用爆炸物品,不得超出核定的品种、产量。

第二十一条 民用爆炸物品使用单位申请购买民用爆炸物品的,应当向所在地县级人民政府公安机关提出购买申请,并提交下列有关材料:

(一)工商营业执照或者事业单位法人证书;

(二)《爆破作业单位许可证》或者其他合法使用的证明;

(三)购买单位的名称、地址、银行账户;

(四)购买的品种、数量和用途说明。

受理申请的公安机关应当自受理申请之日起 5 日内对提交的有关材料进行审查,对符合条件的,核发《民用爆炸物品购买许可证》;对不符合条件的,不予核发《民用爆炸物品购买许可证》,书面向申请人说明理由。

《民用爆炸物品购买许可证》应当载明许可购买的品种、数量、购买单位以及许可的有效期限。

第二十二条 民用爆炸物品生产企业凭《民用爆炸物品生产许可证》购买属于民用爆炸物品的原料,民用爆炸物品销售企业凭《民用爆炸物品销售许可证》向民用爆炸物品生产企业购买民用爆炸物品,民用爆炸物品使用单位凭《民用爆炸物品购买许可证》购买民用爆炸物品,还应当提供经办人的身份证明。

销售民用爆炸物品的企业,应当查验前款规定的许可证和经办人的身份证明;对持《民用爆炸物品购买许可证》购买的,应当按照许可的品种、数量销售。

第二十三条 销售、购买民用爆炸物品,应当通过银行账户进行交易,不得使用现金或者实物进行交易。

销售民用爆炸物品的企业,应当将购买单位的许可证、银行账户转账凭证、经办人的身份证明复印件保存2年备查。

第二十四条 销售民用爆炸物品的企业,应当自民用爆炸物品买卖成交之日起3日内,将销售的品种、数量和购买单位向所在地省、自治区、直辖市人民政府国防科技工业主管部门和所在地县级人民政府公安机关备案。

购买民用爆炸物品的单位,应当自民用爆炸物品买卖成交之日起3日内,将购买的品种、数量向所在地县级人民政府公安机关备案。

第二十五条 进出口民用爆炸物品,应当经国务院国防科技工业主管部门审批。进出口民用爆炸物品审批办法,由国务院国防科技工业主管部门会同国务院公安部门、海关总署规定。

进出口单位应当将进出口的民用爆炸物品的品种、数量向收货地或者出境口岸所在地县级人民政府公安机关备案。

第四章 运 输

第二十六条 运输民用爆炸物品,收货单位应当向运达地县级

人民政府公安机关提出申请,并提交包括下列内容的材料:

(一)民用爆炸物品生产企业、销售企业、使用单位以及进出口单位分别提供的《民用爆炸物品生产许可证》、《民用爆炸物品销售许可证》、《民用爆炸物品购买许可证》或者进出口批准证明;

(二)运输民用爆炸物品的品种、数量、包装材料和包装方式;

(三)运输民用爆炸物品的特性、出现险情的应急处置方法;

(四)运输时间、起始地点、运输路线、经停地点。

受理申请的公安机关应当自受理申请之日起 3 日内对提交的有关材料进行审查,对符合条件的,核发《民用爆炸物品运输许可证》;对不符合条件的,不予核发《民用爆炸物品运输许可证》,书面向申请人说明理由。

《民用爆炸物品运输许可证》应当载明收货单位、销售企业、承运人,一次性运输有效期限、起始地点、运输路线、经停地点,民用爆炸物品的品种、数量。

第二十七条　运输民用爆炸物品的,应当凭《民用爆炸物品运输许可证》,按照许可的品种、数量运输。

第二十八条　经由道路运输民用爆炸物品的,应当遵守下列规定:

(一)携带《民用爆炸物品运输许可证》;

(二)民用爆炸物品的装载符合国家有关标准和规范,车厢内不得载人;

(三)运输车辆安全技术状况应当符合国家有关安全技术标准的要求,并按照规定悬挂或者安装符合国家标准的易燃易爆危险品警示标志;

(四)运输民用爆炸物品的车辆应当保持安全车速;

(五)按照规定的路线行驶,途中经停应当有专人看守,并远离建筑设施和人口稠密的地方,不得在许可以外的地点经停;

(六)按照安全操作规程装卸民用爆炸物品,并在装卸现场设置

警戒,禁止无关人员进入;

(七)出现危险情况立即采取必要的应急处置措施,并报告当地公安机关。

第二十九条　民用爆炸物品运达目的地,收货单位应当进行验收后在《民用爆炸物品运输许可证》上签注,并在3日内将《民用爆炸物品运输许可证》交回发证机关核销。

第三十条　禁止携带民用爆炸物品搭乘公共交通工具或者进入公共场所。

禁止邮寄民用爆炸物品,禁止在托运的货物、行李、包裹、邮件中夹带民用爆炸物品。

第五章　爆破作业

第三十一条　申请从事爆破作业的单位,应当具备下列条件:

(一)爆破作业属于合法的生产活动;

(二)有符合国家有关标准和规范的民用爆炸物品专用仓库;

(三)有具备相应资格的安全管理人员、仓库管理人员和具备国家规定执业资格的爆破作业人员;

(四)有健全的安全管理制度、岗位安全责任制度;

(五)有符合国家标准、行业标准的爆破作业专用设备;

(六)法律、行政法规规定的其他条件。

第三十二条　申请从事爆破作业的单位,应当按照国务院公安部门的规定,向有关人民政府公安机关提出申请,并提供能够证明其符合本条例第三十一条规定条件的有关材料。受理申请的公安机关应当自受理申请之日起20日内进行审查,对符合条件的,核发《爆破作业单位许可证》;对不符合条件的,不予核发《爆破作业单位许可证》,书面向申请人说明理由。

营业性爆破作业单位持《爆破作业单位许可证》到工商行政管理部门办理工商登记后,方可从事营业性爆破作业活动。

爆破作业单位应当在办理工商登记后3日内,向所在地县级人民政府公安机关备案。

第三十三条　爆破作业单位应当对本单位的爆破作业人员、安全管理人员、仓库管理人员进行专业技术培训。爆破作业人员应当经设区的市级人民政府公安机关考核合格,取得《爆破作业人员许可证》后,方可从事爆破作业。

第三十四条　爆破作业单位应当按照其资质等级承接爆破作业项目,爆破作业人员应当按照其资格等级从事爆破作业。爆破作业的分级管理办法由国务院公安部门规定。

第三十五条　在城市、风景名胜区和重要工程设施附近实施爆破作业的,应当向爆破作业所在地设区的市级人民政府公安机关提出申请,提交《爆破作业单位许可证》和具有相应资质的安全评估企业出具的爆破设计、施工方案评估报告。受理申请的公安机关应当自受理申请之日起 20 日内对提交的有关材料进行审查,对符合条件的,作出批准的决定;对不符合条件的,作出不予批准的决定,并书面向申请人说明理由。

实施前款规定的爆破作业,应当由具有相应资质的安全监理企业进行监理,由爆破作业所在地县级人民政府公安机关负责组织实施安全警戒。

第三十六条　爆破作业单位跨省、自治区、直辖市行政区域从事爆破作业的,应当事先将爆破作业项目的有关情况向爆破作业所在地县级人民政府公安机关报告。

第三十七条　爆破作业单位应当如实记载领取、发放民用爆炸物品的品种、数量、编号以及领取、发放人员姓名。领取民用爆炸物品的数量不得超过当班用量,作业后剩余的民用爆炸物品必须当班清退回库。

爆破作业单位应当将领取、发放民用爆炸物品的原始记录保存 2 年备查。

第三十八条　实施爆破作业,应当遵守国家有关标准和规范,在安全距离以外设置警示标志并安排警戒人员，防止无关人员进入；爆破作业结束后应当及时检查、排除未引爆的民用爆炸物品。

第三十九条　爆破作业单位不再使用民用爆炸物品时，应当将剩余的民用爆炸物品登记造册，报所在地县级人民政府公安机关组织监督销毁。

发现、拣拾无主民用爆炸物品的，应当立即报告当地公安机关。

第六章　储　存

第四十条　民用爆炸物品应当储存在专用仓库内，并按照国家规定设置技术防范设施。

第四十一条　储存民用爆炸物品应当遵守下列规定：

（一）建立出入库检查、登记制度，收存和发放民用爆炸物品必须进行登记，做到账目清楚，账物相符；

（二）储存的民用爆炸物品数量不得超过储存设计容量，对性质相抵触的民用爆炸物品必须分库储存，严禁在库房内存放其他物品；

（三）专用仓库应当指定专人管理、看护，严禁无关人员进入仓库区内，严禁在仓库区内吸烟和用火，严禁把其他容易引起燃烧、爆炸的物品带入仓库区内，严禁在库房内住宿和进行其他活动；

（四）民用爆炸物品丢失、被盗、被抢，应当立即报告当地公安机关。

第四十二条　在爆破作业现场临时存放民用爆炸物品的，应当具备临时存放民用爆炸物品的条件，并设专人管理、看护，不得在不具备安全存放条件的场所存放民用爆炸物品。

第四十三条　民用爆炸物品变质和过期失效的，应当及时清理出库，并予以销毁。销毁前应当登记造册，提出销毁实施方案，报省、自治区、直辖市人民政府国防科技工业主管部门、所在地县级人民政府公安机关组织监督销毁。

第七章　法律责任

第四十四条　非法制造、买卖、运输、储存民用爆炸物品,构成犯罪的,依法追究刑事责任;尚不构成犯罪,有违反治安管理行为的,依法给予治安管理处罚。

违反本条例规定,在生产、储存、运输、使用民用爆炸物品中发生重大事故,造成严重后果或者后果特别严重,构成犯罪的,依法追究刑事责任。

违反本条例规定,未经许可生产、销售民用爆炸物品的,由国防科技工业主管部门责令停止非法生产、销售活动,处 10 万元以上 50 万元以下的罚款,并没收非法生产、销售的民用爆炸物品及其违法所得。

违反本条例规定,未经许可购买、运输民用爆炸物品或者从事爆破作业的,由公安机关责令停止非法购买、运输、爆破作业活动,处 5 万元以上 20 万元以下的罚款,并没收非法购买、运输以及从事爆破作业使用的民用爆炸物品及其违法所得。

国防科技工业主管部门、公安机关对没收的非法民用爆炸物品,应当组织销毁。

第四十五条　违反本条例规定,生产、销售民用爆炸物品的企业有下列行为之一的,由国防科技工业主管部门责令限期改正,处 10 万元以上 50 万元以下的罚款;逾期不改正的,责令停产停业整顿;情节严重的,吊销《民用爆炸物品生产许可证》或者《民用爆炸物品销售许可证》:

(一)超出生产许可的品种、产量进行生产、销售的;

(二)违反安全技术规程生产作业的;

(三)民用爆炸物品的质量不符合相关标准的;

(四)民用爆炸物品的包装不符合法律、行政法规的规定以及相关标准的;

(五)超出购买许可的品种、数量销售民用爆炸物品的;

（六）向没有《民用爆炸物品生产许可证》、《民用爆炸物品销售许可证》、《民用爆炸物品购买许可证》的单位销售民用爆炸物品的；

（七）民用爆炸物品生产企业销售本企业生产的民用爆炸物品未按照规定向国防科技工业主管部门备案的；

（八）未经审批进出口民用爆炸物品的。

第四十六条　违反本条例规定，有下列情形之一的，由公安机关责令限期改正，处 5 万元以上 20 万元以下的罚款；逾期不改正的，责令停产停业整顿：

（一）未按照规定对民用爆炸物品做出警示标识、登记标识或者未对雷管编码打号的；

（二）超出购买许可的品种、数量购买民用爆炸物品的；

（三）使用现金或者实物进行民用爆炸物品交易的；

（四）未按照规定保存购买单位的许可证、银行账户转账凭证、经办人的身份证明复印件的；

（五）销售、购买、进出口民用爆炸物品，未按照规定向公安机关备案的；

（六）未按照规定建立民用爆炸物品登记制度，如实将本单位生产、销售、购买、运输、储存、使用民用爆炸物品的品种、数量和流向信息输入计算机系统的；

（七）未按照规定将《民用爆炸物品运输许可证》交回发证机关核销的。

第四十七条　违反本条例规定，经由道路运输民用爆炸物品，有下列情形之一的，由公安机关责令改正，处 5 万元以上 20 万元以下的罚款：

（一）违反运输许可事项的；

（二）未携带《民用爆炸物品运输许可证》的；

（三）违反有关标准和规范混装民用爆炸物品的；

（四）运输车辆未按照规定悬挂或者安装符合国家标准的易燃

易爆危险物品警示标志的；

（五）未按照规定的路线行驶，途中经停没有专人看守或者在许可以外的地点经停的；

（六）装载民用爆炸物品的车厢载人的；

（七）出现危险情况未立即采取必要的应急处置措施、报告当地公安机关的。

第四十八条　违反本条例规定，从事爆破作业的单位有下列情形之一的，由公安机关责令停止违法行为或者限期改正，处 10 万元以上 50 万元以下的罚款；逾期不改正的，责令停产停业整顿；情节严重的，吊销《爆破作业单位许可证》：

（一）爆破作业单位未按照其资质等级从事爆破作业的；

（二）营业性爆破作业单位跨省、自治区、直辖市行政区域实施爆破作业，未按照规定事先向爆破作业所在地的县级人民政府公安机关报告的；

（三）爆破作业单位未按照规定建立民用爆炸物品领取登记制度、保存领取登记记录的；

（四）违反国家有关标准和规范实施爆破作业的。

爆破作业人员违反国家有关标准和规范的规定实施爆破作业的，由公安机关责令限期改正，情节严重的，吊销《爆破作业人员许可证》。

第四十九条　违反本条例规定，有下列情形之一的，由国防科技工业主管部门、公安机关按照职责责令限期改正，可以并处 5 万元以上 20 万元以下的罚款；逾期不改正的，责令停产停业整顿；情节严重的，吊销许可证：

（一）未按照规定在专用仓库设置技术防范设施的；

（二）未按照规定建立出入库检查、登记制度或者收存和发放民用爆炸物品，致使账物不符的；

（三）超量储存、在非专用仓库储存或者违反储存标准和规范储

存民用爆炸物品的;

(四)有本条例规定的其他违反民用爆炸物品储存管理规定行为的。

第五十条　违反本条例规定,民用爆炸物品从业单位有下列情形之一的,由公安机关处 2 万元以上 10 万元以下的罚款;情节严重的,吊销其许可证;有违反治安管理行为的,依法给予治安管理处罚:

(一)违反安全管理制度,致使民用爆炸物品丢失、被盗、被抢的;

(二)民用爆炸物品丢失、被盗、被抢,未按照规定向当地公安机关报告或者故意隐瞒不报的;

(三)转让、出借、转借、抵押、赠送民用爆炸物品的。

第五十一条　违反本条例规定,携带民用爆炸物品搭乘公共交通工具或者进入公共场所,邮寄或者在托运的货物、行李、包裹、邮件中夹带民用爆炸物品,构成犯罪的,依法追究刑事责任;尚不构成犯罪的,由公安机关依法给予治安管理处罚,没收非法的民用爆炸物品,处 1000 元以上 1 万元以下的罚款。

第五十二条　民用爆炸物品从业单位的主要负责人未履行本条例规定的安全管理责任,导致发生重大伤亡事故或者造成其他严重后果,构成犯罪的,依法追究刑事责任;尚不构成犯罪的,对主要负责人给予撤职处分,对个人经营的投资人处 2 万元以上 20 万元以下的罚款。

第五十三条　国防科技工业主管部门、公安机关、工商行政管理部门的工作人员,在民用爆炸物品安全监督管理工作中滥用职权、玩忽职守或者徇私舞弊,构成犯罪的,依法追究刑事责任;尚不构成犯罪的,依法给予行政处分。

第八章　附　则

第五十四条　《民用爆炸物品生产许可证》、《民用爆炸物品销售许可证》,由国务院国防科技工业主管部门规定式样;《民用爆炸物品购买许可证》、《民用爆炸物品运输许可证》、《爆破作业单位许可证》、《爆破作业人员许可证》,由国务院公安部门规定式样。

第五十五条　本条例自 2006 年 9 月 1 日起施行。1984 年 1 月 6 日国务院发布的《中华人民共和国民用爆炸物品管理条例》同时废止。

附录1.3　通用航空飞行管制条例

2003 年 1 月 10 日中华人民共和国国务院 中华人民共和国中央军事委员会令第 371 号公布,自 2003 年 5 月 1 日起施行。

国务院总理　朱镕基

中央军委主席　江泽民

2003 年 1 月 10 日

通用航空飞行管制条例

第一章　总　则

第一条　为了促进通用航空事业的发展,规范通用航空飞行活动,保证飞行安全,根据《中华人民共和国民用航空法》和《中华人民共和国飞行基本规则》,制定本条例。

第二条　在中华人民共和国境内从事通用航空飞行活动,必须遵守本条例。

在中华人民共和国境内从事升放无人驾驶自由气球和系留气球活动,适用本条例的有关规定。

第三条　本条例所称通用航空,是指除军事、警务、海关缉私飞行和公共航空运输飞行以外的航空活动,包括从事工业、农业、林业、渔业、矿业、建筑业的作业飞行和医疗卫生、抢险救灾、气象探测、海洋监测、科学实验、遥感测绘、教育训练、文化体育、旅游观光等方面的飞行活动。

第四条　从事通用航空飞行活动的单位、个人,必须按照《中华人民共和国民用航空法》的规定取得从事通用航空活动的资格,并遵守国家有关法律、行政法规的规定。

第五条　飞行管制部门按照职责分工,负责对通用航空飞行活动实施管理,提供空中交通管制服务。相关飞行保障单位应当积极协调配合,做好有关服务保障工作,为通用航空飞行活动创造便利条件。

第二章　飞行空域的划设与使用

第六条　从事通用航空飞行活动的单位、个人使用机场飞行空域、航路、航线,应当按照国家有关规定向飞行管制部门提出申请,经批准后方可实施。

第七条　从事通用航空飞行活动的单位、个人,根据飞行活动要求,需要划设临时飞行空域的,应当向有关飞行管制部门提出划设临时飞行空域的申请。

划设临时飞行空域的申请应当包括下列内容:

(一)临时飞行空域的水平范围、高度;

(二)飞入和飞出临时飞行空域的方法;

(三)使用临时飞行空域的时间;

(四)飞行活动性质;

(五)其他有关事项。

第八条　划设临时飞行空域,按照下列规定的权限批准:

(一)在机场区域内划设的,由负责该机场飞行管制的部门批准;

(二)超出机场区域在飞行管制分区内划设的,由负责该分区飞行管制的部门批准;

(三)超出飞行管制分区在飞行管制区内划设的,由负责该管制区飞行管制的部门批准;

(四)在飞行管制区间划设的,由中国人民解放军空军批准。

批准划设临时飞行空域的部门应当将划设的临时飞行空域报

上一级飞行管制部门备案,并通报有关单位。

第九条 划设临时飞行空域的申请,应当在拟使用临时飞行空域 7 个工作日前向有关飞行管制部门提出;负责批准该临时飞行空域的飞行管制部门应当在拟使用临时飞行空域 3 个工作日前作出批准或者不予批准的决定,并通知申请人。

第十条 临时飞行空域的使用期限应当根据通用航空飞行的性质和需要确定,通常不得超过 12 个月。

因飞行任务的要求,需要延长临时飞行空域使用期限的,应当报经批准该临时飞行空域的飞行管制部门同意。

通用航空飞行任务完成后,从事通用航空飞行活动的单位、个人应当及时报告有关飞行管制部门,其申请划设的临时飞行空域即行撤销。

第十一条 已划设的临时飞行空域,从事通用航空飞行活动的其他单位、个人因飞行需要,经批准划设该临时飞行空域的飞行管制部门同意,也可以使用。

第三章 飞行活动的管理

第十二条 从事通用航空飞行活动的单位、个人实施飞行前,应当向当地飞行管制部门提出飞行计划申请,按照批准权限,经批准后方可实施。

第十三条 飞行计划申请应当包括下列内容:

(一)飞行单位;

(二)飞行任务性质;

(三)机长(飞行员)姓名、代号(呼号)和空勤组人数;

(四)航空器型别和架数;

(五)通信联络方法和二次雷达应答机代码;

(六)起飞、降落机场和备降场;

(七)预计飞行开始、结束时间;

(八)飞行气象条件;

（九）航线、飞行高度和飞行范围；

（十）其他特殊保障需求。

第十四条　从事通用航空飞行活动的单位、个人有下列情形之一的，必须在提出飞行计划申请时，提交有效的任务批准文件：

（一）飞出或者飞入我国领空的（公务飞行除外）；

（二）进入空中禁区或者国（边）界线至我方一侧 10 公里之间地带上空飞行的；

（三）在我国境内进行航空物探或者航空摄影活动的；

（四）超出领海（海岸）线飞行的；

（五）外国航空器或者外国人使用我国航空器在我国境内进行通用航空飞行活动的。

第十五条　使用机场飞行空域、航路、航线进行通用航空飞行活动，其飞行计划申请由当地飞行管制部门批准或者由当地飞行管制部门报经上级飞行管制部门批准。

使用临时飞行空域、临时航线进行通用航空飞行活动，其飞行计划申请按照下列规定的权限批准：

（一）在机场区域内的，由负责该机场飞行管制的部门批准；

（二）超出机场区域在飞行管制分区内的，由负责该分区飞行管制的部门批准；

（三）超出飞行管制分区在飞行管制区内的，由负责该区域飞行管制的部门批准；

（四）超出飞行管制区的，由中国人民解放军空军批准。

第十六条　飞行计划申请应当在拟飞行前 1 天 15 时前提出；飞行管制部门应当在拟飞行前 1 天 21 时前作出批准或者不予批准的决定，并通知申请人。

执行紧急救护、抢险救灾、人工影响天气或者其他紧急任务的，可以提出临时飞行计划申请。临时飞行计划申请最迟应当在拟飞行 1 小时前提出；飞行管制部门应当在拟起飞时刻 15 分钟前作出批准或者不予批准的决定,并通知申请人。

　　第十七条　在划设的临时飞行空域内实施通用航空飞行活动的,可以在申请划设临时飞行空域时一并提出 15 天以内的短期飞行计划申请,不再逐日申请;但是每日飞行开始前和结束后,应当及时报告飞行管制部门。

　　第十八条　使用临时航线转场飞行的,其飞行计划申请应当在拟飞行 2 天前向当地飞行管制部门提出;飞行管制部门应当在拟飞行前 1 天 18 时前作出批准或者不予批准的决定,并通知申请人,同时按照规定通报有关单位。

　　第十九条　飞行管制部门对违反飞行管制规定的航空器,可以根据情况责令改正或者停止其飞行。

第四章　飞行保障

　　第二十条　通信、导航、雷达、气象、航行情报和其他飞行保障部门应当认真履行职责,密切协同,统筹兼顾,合理安排,提高飞行空域和时间的利用率,保障通用航空飞行顺利实施。

　　第二十一条　通信、导航、雷达、气象、航行情报和其他飞行保障部门对于紧急救护、抢险救灾、人工影响天气等突发性任务的飞行,应当优先安排。

　　第二十二条　从事通用航空飞行活动的单位、个人组织各类飞行活动,应当制定安全保障措施,严格按照批准的飞行计划组织实施,并按照要求报告飞行动态。

　　第二十三条　从事通用航空飞行活动的单位、个人,应当与有关飞行管制部门建立可靠的通信联络。

　　在划设的临时飞行空域内从事通用航空飞行活动时,应当保持空地联络畅通。

　　第二十四条　在临时飞行空域内进行通用航空飞行活动,通常由从事通用航空飞行活动的单位、个人负责组织实施,并对其安全负责。

第二十五条 飞行管制部门应当按照职责分工或者协议,为通用航空飞行活动提供空中交通管制服务。

第二十六条 从事通用航空飞行活动需要使用军用机场的,应当将使用军用机场的申请和飞行计划申请一并向有关部队司令机关提出,由有关部队司令机关作出批准或者不予批准的决定,并通知申请人。

第二十七条 从事通用航空飞行活动的航空器转场飞行,需要使用军用或者民用机场的,由该机场管理机构按照规定或者协议提供保障;使用军民合用机场的,由从事通用航空飞行活动的单位、个人与机场有关部门协商确定保障事宜。

第二十八条 在临时机场或者起降点飞行的组织指挥,通常由从事通用航空飞行活动的单位、个人负责。

第二十九条 从事通用航空飞行活动的民用航空器能否起飞、着陆和飞行,由机长(飞行员)根据适航标准和气象条件等最终确定,并对此决定负责。

第三十条 通用航空飞行保障收费标准,按照国家有关国内机场收费标准执行。

第五章 升放和系留气球的规定

第三十一条 升放无人驾驶自由气球或者系留气球,不得影响飞行安全。

本条例所称无人驾驶自由气球,是指无动力驱动、无人操纵、轻于空气、总质量大于4千克自由飘移的充气物体。

本条例所称系留气球,是指系留于地面物体上、直径大于1.8米或者体积容量大于3.2立方米、轻于空气的充气物体。

第三十二条 无人驾驶自由气球和系留气球的分类、识别标志和升放条件等,应当符合国家有关规定。

第三十三条 进行升放无人驾驶自由气球或者系留气球活动,必须经设区的市级以上气象主管机构会同有关部门批准。具体办法由国务院气象主管机构制定。

第三十四条　升放无人驾驶自由气球,应当在拟升放 2 天前持本条例第三十三条规定的批准文件向当地飞行管制部门提出升放申请;飞行管制部门应当在拟升放 1 天前作出批准或者不予批准的决定,并通知申请人。

第三十五条　升放无人驾驶自由气球的申请,通常应当包括下列内容:

(一)升放的单位、个人和联系方法;

(二)气球的类型、数量、用途和识别标志;

(三)升放地点和计划回收区;

(四)预计升放和回收(结束)的时间;

(五)预计飘移方向、上升的速度和最大高度。

第三十六条　升放无人驾驶自由气球,应当按照批准的申请升放,并及时向有关飞行管制部门报告升放动态;取消升放时,应当及时报告有关飞行管制部门。

第三十七条　升放系留气球,应当确保系留牢固,不得擅自释放。

系留气球升放的高度不得高于地面 150 米,但是低于距其水平距离 50 米范围内建筑物顶部的除外。

系留气球升放的高度超过地面 50 米的,必须加装快速放气装置,并设置识别标志。

第三十八条　升放的无人驾驶自由气球或者系留气球中发生下列可能危及飞行安全的情况时,升放单位、个人应当及时报告有关飞行管制部门和当地气象主管机构:

(一)无人驾驶自由气球非正常运行的;

(二)系留气球意外脱离系留的;

(三)其他可能影响飞行安全的异常情况。

加装快速放气装置的系留气球意外脱离系留时,升放系留气球的单位、个人应当在保证地面人员、财产安全的条件下,快速启动放气装置。

第三十九条　禁止在依法划设的机场范围内和机场净空保护区域内升放无人驾驶自由气球或者系留气球,但是国家另有规定的除外。

第六章　法律责任

第四十条　违反本条例规定,《中华人民共和国民用航空法》、《中华人民共和国飞行基本规则》及有关行政法规对其处罚有规定的,从其规定;没有规定的,适用本章规定。

第四十一条　从事通用航空飞行活动的单位、个人违反本条例规定,有下列情形之一的,由有关部门按照职责分工责令改正,给予警告;情节严重的,处 2 万元以上 10 万元以下罚款,并可给予责令停飞 1 个月至 3 个月、暂扣直至吊销经营许可证、飞行执照的处罚;

造成重大事故或者严重后果的,依照刑法关于重大飞行事故罪或者其他罪的规定,依法追究刑事责任:

(一)未经批准擅自飞行的;

(二)未按批准的飞行计划飞行的;

(三)不及时报告或者漏报飞行动态的;

(四)未经批准飞入空中限制区、空中危险区的。

第四十二条　违反本条例规定,未经批准飞入空中禁区的,由有关部门按照国家有关规定处置。

第四十三条　违反本条例规定,升放无人驾驶自由气球或者系留气球,有下列情形之一的,由气象主管机构或者有关部门按照职责分工责令改正,给予警告;情节严重的,处 1 万元以上 5 万元以下罚款;造成重大事故或者严重后果的,依照刑法关于重大责任事故罪或者其他罪的规定,依法追究刑事责任:

(一)未经批准擅自升放的;

(二)未按照批准的申请升放的;

（三）未按照规定设置识别标志的；

（四）未及时报告升放动态或者系留气球意外脱离时未按照规定及时报告的；

（五）在规定的禁止区域内升放的。

第四十四条　按照本条例实施的罚款，应当全额上缴财政。

第七章　附　则

第四十五条　本条例自 2003 年 5 月 1 日起施行。

（引自中国气象局网站 2008 年 6 月 11 日）

附录2 人工影响天气安全标准摘录

附录2.1 人工影响天气作业术语

ICS 07.060

A 47

QX

中 华 人 民 共 和 国 气 象 行 业 标 准

QX/T 151—2012

人工影响天气作业术语

Technical terms for weather modification operation

2012-08-30发布 2012-11-01实施

中国气象局 发布

前　言

　　本标准按 GB/T 1.1—2009 给出的规则起草。

　　本标准由全国气象防灾减灾标准化技术委员会(SAC/TC 345)提出并归口。

　　本标准起草单位:四川省气象局。

　　本标准主要起草人:郝克俊、王维佳、余芳、陈碧辉。

人工影响天气作业术语

1　范围

本标准界定了人工影响天气作业的术语。

本标准适用于人工影响天气作业。

2　基本术语

2.1　人工影响天气 weather modification

为避免或者减轻气象灾害,合理利用气候资源,在适当条件下通过科技手段对局部大气的物理过程进行人为影响,实现增雨(雪)、防雹、消雨、消雾、防霜等目的的活动。

2.2　人工影响天气作业 weather modification operation

用高炮、火箭、飞机、地面发生器等,将适当催化剂引入云雾中,或用其他技术手段进行人工影响天气的行为。

2.3　人工增雨(雪) artificial precipitation enhancement

对具有人工增雨(雪)催化条件的云,采用科学的方法,在适当的时机,将适当的催化剂引入云的有效部位,达到人工增加雨(雪)目的的科学技术措施。

2.4　人工消(减)雨 artificial precipitation suppression

在适当的条件下,对云中适当的部位播撒适当的催化剂或采用其他的技术手段,使局部地区内降水消减的科学技术措施。

2.5　人工防雹 artificial hail suppression

用高炮、火箭、地面发生器等向云中适当部位播撒适量的催化剂,抑制或削弱冰雹危害的科学技术措施。

2.6　人工防霜 artificial frost protection

用提高近地层空气和土壤表面温度的科学技术或其他方法,达到防止或减轻霜冻危害目的的科学技术措施。

2.7　人工消云 artificial cloud dispersal

人为使局部区域的云层消散的科学技术措施。

2.8　人工消雾 artificial fog dispersal

人为使局部区域的雾部分或全部消除的科学技术措施。

2.9　空中水资源开发 exploitation of atmosphere water resource

通过人工影响天气作业,对空中水资源加以开发、利用的科学技术措施。

2.10　播云催化剂 seeding agent

播撒到云雾中,以改变其云物理发展过程,达到人工影响天气目的的催化物质。

2.11　吸湿催化剂 hygroscopic seeding material

常用于暖云催化的,具有适当大小的吸湿性颗粒物。

2.12　致冷催化剂 cooling seeding material

直接撒播在云中,可造成局部深度降温,使过冷云中产生大量冰晶的催化物质。

2.13　凝结核 condensation nucleus

大气中水汽可以在其上凝结成水滴的气溶胶粒子。

2.14　人工冰核 artificial ice nucleus

人工制造的能够在大气和云雾中产生冰晶的颗粒物。

2.15　播云催化 cloud seeding

在云中加入催化剂,改变云的微结构,影响云发展的科学技术措施。

2.16　冷云 cold cloud

由温度低于 0 ℃的过冷水和(或)冰晶组成的云。

2.17　冷云(雾)催化 cold cloud(fog)seeding

向过冷云(雾)中播撒催化剂,产生大量冰晶的科学技术措施。

2.18　暖云 warm cloud

完全由液态水滴组成温度高于 0 ℃的云。

2.19　暖云催化 warm cloud seeding

向暖云中播撒吸湿催化剂,改变其发展过程的科学技术措施。

2.20　冰云 ice cloud

由冰晶、雪晶所组成的云。

2.21　目标区 target area

通过人工影响天气作业产生效果的区域。

2.22　作业区 seeding area

实施人工影响天气作业的区域。

2.23　对比区 control area

为了检验作业效果而选作对比的且不受催化影响的区域。

2.24　作业部位 cloud seeding position

催化剂在云中的播撒位置。

2.25　播撒率 seeding rate

单位时间或单位距离播撒的催化剂的数量。

2.26　播云温度窗 temperature interval for seeding

通过催化,能够有效增加地面降水的云顶温度的区间。

2.27　播云判据 cloud seeding criteria

用于判别人工催化作业条件的云物理指标。

2.28　播云雷达指标 radar index for cloud seeding

用于判别人工催化作业条件和效果的雷达回波参数的物理指标。

3　常用播云催化剂

3.1　干冰 dry ice

固态二氧化碳(CO_2),常压下升华温度为-78.5 ℃,汽化时吸热,可使周围空气迅速冷却而产生大量冰晶。

3.2　液氮 liquid nitrogen

液态氮(N_2),常压下液化温度为-195.85 ℃,汽化时吸热,可使周围空气迅速冷却而产生大量冰晶。

3.3　碘化银 silver iodide

碘和银的化合物(AgI),一般为黄色六角形结晶,与自然冰晶的晶格结构相似,常用作人工冰核。

3.4　碘化银焰火剂 silver iodide pyrotechnics

将碘化银与燃烧剂、粘结剂等混合制成的药剂,燃烧分散后作为冷云催化剂。

3.5　碘化银丙酮溶液 silver iodide acetone solution

碘化银的丙酮溶液,燃烧分散后作为冷云催化剂。

3.6　盐粉 salt powder

适当大小的盐类粉末,作为吸湿催化剂。

4　作业装备

4.1　高炮 antiaircraft gun

用于发射增雨防雹炮弹的高射炮。

4.2　炮弹 gun shell

人工防雹增雨弹,内含 AgI 催化剂,用于人工影响天气作业。

4.3   火箭弹 rocket shell

携带催化剂,发射到云体内指定部位,对云体进行增雨防雹播撒式催化作业的壳体装置。

4.4   发射系统 launch system

由发射架和发射控制器组成的系统。

4.5   发射架 rocket launcher

赋予火箭弹定向稳定飞行的装置。

4.6   发射控制器 launch controller

控制火箭弹发射的装置。

4.7   火箭作业系统 rocket operation system

由火箭弹、发射架和发射控制器等组成的增雨防雹作业系统。

4.8   地面发生器 ground generator

在地面释放催化剂的装置。

4.9   碘化银焰火器 pyrotechnic generator of silver iodide

装有碘化银(或碘、银化合物)和其他焰火剂、能燃烧产生大量碘化银微粒的装置。

4.10   碘化银发生炉 silver iodide generator

燃烧加热以产生碘化银微粒的装置。

4.11   作业飞机 seeding aircraft

用于实施人工影响天气作业的飞机。

4.12   飞机探测 aircraft sounding

用飞机携载仪器进行气象观测的活动。

4.13   大气探测飞机 sounding aircraft

装有大气探测设备,用于大气物理、化学和云雾结构等探测的飞机。

4.14　增雨防雹工具 apparatus for rain enhancement and hail suppression

用于人工增雨防雹作业的装备。

5　地面作业

5.1　发射仰角 launch elevation

高炮、火箭从地面向空中目标云体发射时与水平面构成的角度。

5.2　发射方位 launch direction

高炮、火箭从地面向空中目标云体发射时与正北方向构成的角度。

5.3　射高 launch altitude

高炮、火箭从地面向空中目标云体发射时与地面的最大垂直距离。

5.4　射程 range

高炮、火箭在空中播撒催化剂的最大水平距离。

5.5　播撒起点 start point of cloud seeding

开始播撒(或释放)作业催化剂的空间位置。

5.6　播撒终点 end point of cloud seeding

终止播撒(或释放)作业催化剂的空间位置。

5.7　禁射区 forbidden area of fire

依据有关安全规定,确定禁止高炮、火箭发射实施人工影响天气作业的区域。

5.8　安全射界图 safe firing area map

根据人工影响天气安全作业的有关要求,以炮弹、火箭弹发射的最大安全水平距离,用地图投影方式,以作业点为圆心,绘制的安全射击分布图。

6　飞机作业

6.1　飞机增雨(雪) aircraft precipitation enhancement

利用飞机在云体的适当部位,选择适当的时机,播撒适合的催化剂,以增加地面降水量的科学技术措施。

6.2 作业飞行 weather modification flight

实施人工影响天气作业的飞行。

6.3 作业飞行计划 weather modification flight plan

针对作业飞行目的制定的飞行计划和方案。

6.4 作业航线 weather modification flight route

作业飞机从作业起始点到作业结束点的飞行航线。

7 作业效果评估

7.1 效果评估 assessment of effect

检验人工影响天气作业后是否有效果,并评价其效果大小的工作。

7.2 效益评估 evaluation of benefit

对人工影响天气作业产生的效果和经济、社会效益进行的评估工作。

7.3 统计检验 statistical test

用统计学原理,对人工影响天气作业后的效果加以评估的方法。

7.4 物理检验 physical test

通过观测人工催化前后云和降水宏微观要素的变化,分析判断作业效果的方法。

7.5 数值模拟检验 numerical simulation test

利用数值模式,模拟人工催化前后云和降水宏微观要素的变化,协助评估作业效果的方法。

8 作业管理

8.1 作业规程 operating procedure

人工影响天气作业的操作规则和流程。

8.2　作业时段 operating mission period

开展人工影响天气作业的起止时间间隔。

8.3　作业时机 operating opportunity

根据云系移动特点和对云内要素观测值的分析,确定有利于实施人工影响天气作业的时间。

8.4　作业信息 operation information

反映人工影响天气作业时间、用弹(或催化剂)数量、作业效果等各种信息。

8.5　作业记录 operation record

对作业申请、作业时间、作业回复、用弹(或催化剂)数量、作业效果等的详细记录。

8.6　作业指挥人员 weather modification operation commander

有资格从事人工影响天气作业指挥的人员。

8.7　作业人员 weather modification operator

有资格从事人工影响天气作业装备操作的人员。

8.8　作业空域 airspace for weather modification operation

经飞行管制部门和航空管理部门批准,飞机、高炮、火箭在规定时限内实施作业的空间范围。

8.9　空域申请 application for airspace

实施人工影响天气作业前,作业组织提前向有关管理部门申请作业空域的行为。

8.10　作业时限 approved time period

经飞行管制部门和航空管理部门批准,限定飞机、高炮、火箭等的作业时段。

8.11　作业回复 reply of operating task

作业组织在批准的作业时限内向有关管理部门回复作业完毕

的行为。

8.12　空域记录 airspace record

开展人工影响天气作业时,对空域申请、批复、回复和空域动态等有关事项的详细记录。

8.13　作业点 operating spot

用于地面实施人工影响天气作业的地点。

8.14　固定作业点 fixed operating spot

有固定建(构)筑物、设备、观测仪器、作业装备、作业平台等的作业点。

8.15　流动作业点 mobile operating spot

具有作业平台,作业装备可移动的作业点。

8.16　临时作业点 temporary operating spot

临时向相关管理部门申请并获得批准的作业点。

8.17　过期弹 expired ammunition

超过有效期的炮弹、火箭弹。

8.18　故障弹 fault ammunition

不能正常工作的炮弹、火箭弹。

8.19　膛炸 bore explosion

炮弹滞留膛内将身管损坏的现象。

8.20　炸架 explosion on the launcher

火箭弹滞留在发射架上产生爆炸的现象。

8.21　作业安全事故 security accident of operation

人工影响天气作业造成财物损失和人畜伤亡的安全事故。

8.22　年检 annual verification

按照技术规范,每年对作业装备进行一次全面的检查维修的活动。

附录2.2　地面人工影响天气作业安全管理要求

ICS 07.060

A 47

备案号：

QX

中华人民共和国气象行业标准

QX/T 297—2015

地面人工影响天气
作业安全管理要求

Safety management requirements for ground
weather modification operations

2015－12－11发布　　　　　　　2016－04－01实施

中国气象局　发布

前　言

本标准按 GB/T 1.1—2009 给出的规则起草。

本标准由全国人工影响天气标准化技术委员会（SAC/TC 538）提出并归口。

本标准起草单位：四川省气象局。

本标准主要起草人：郝克俊、王维佳、陈碧辉、田泽彬、刘晓璐、刘东升、郭守峰、郝竞扬、徐精忠、邹勇、耿蔚、林丹、李慧晶、郑键、余芳、任富建、韦巍、刘鹏。

地面人工影响天气作业安全管理要求

1　范围

本标准规定了地面人工影响天气作业安全管理涉及的作业点管理、作业装备管理、空域安全使用、作业人员管理、作业实施、作业安全检查和安全事故处置。

本标准适用于使用高炮、火箭作业系统、地面发生器进行人工影响天气作业的安全管理。

2　规范性引用文件

下列文件对于本文件的应用是必不可少的。凡是注日期的引用文件,仅注日期的版本适用于本文件。凡是不注日期的引用文件,其最新版本(包括所有的修改单)适用于本文件。

QX/T 151 人工影响天气作业术语

3　术语和定义

QX/T 151 界定的术语和定义适用于本文件。

4　作业点管理

4.1　基本要求

各级气象主管机构应对涉及人工影响天气作业安全的场地设置和建设等进行管理。

4.2　场地设置

4.2.1　场地选址

4.2.1.1　通用要求

a)应根据当地气候特点及作业需求进行作业点选址,宜选在交通方便、通信畅通的地点；

b)高炮、火箭作业点应选在作业影响区上风方，分别距居民区不小于 500 m、100 m；

c)作业点应满足安全射界或安全作业的要求。

4.2.1.2　高炮和火箭固定作业点应满足下列条件：

a)建有实体围墙、值班室、休息室、装备库、弹药库和作业平台；

b)设有防雷、消防、安防和通讯设施；

c)值班室内张贴常用制度、作业流程和安全射界图等；

d)作业平台平整硬化，禁射标志醒目。

4.2.1.3　高炮和火箭流动作业点应按照 4.2.1.2 d)的要求选择作业场地。

4.2.1.4　高炮和火箭临时作业点应参考 4.2.1.2 d)的要求选择作业场地。

4.2.1.5　地面发生器作业点应远离易燃易爆物，并设有防雷、安防和通讯设施。

4.2.2　选址审查

4.2.2.1　新增或变动作业点应报省级气象主管机构审查。

4.2.2.2　上报材料应包括作业点的地名、编号、经纬度、海拔高度、装备类型、选址原因等。

4.3　场地管理

4.3.1　基本要求

4.3.1.1　每个作业点应指定专人负责本作业点的安全管理工作。

4.3.1.2　规章制度、作业手册和应急处置程序应规范完备。

4.3.1.3　应加强对作业装备的维护保养和安全防护。

4.3.2　固定作业点

4.3.2.1　工作环境整洁，物品分类定置，标识明显。

4.3.2.2 宜安装视频监控设施,掌握作业点内的环境安全状况、作业过程等。

4.3.2.3 应定期调查作业区内环境变化,调整安全射界图。

4.3.3 流动作业点

应定期巡视作业区内环境变化,当不符合作业要求时,应及时进行调整。

5 作业装备管理

5.1 基本要求

5.1.1 作业装备管理包括用于人工影响天气作业的高炮、火箭作业系统、地面发生器及弹药器材等。

5.1.2 作业装备应分类存放,具体要求参见附录 A。

5.1.3 高炮的炮闩、火箭的发射控制器应指定专人单独保管。

5.1.4 弹药库应安装防盗门、安防监控、防盗报警等装置。

5.1.5 宜建立作业装备信息管理系统。

5.2 高炮与火箭发射系统

5.2.1 运输时应符合国家相关安全要求。

5.2.2 应按照行业或厂家提出的技术规范进行年检,检测合格后,方可参加作业。

5.2.3 作业后应及时保养。

5.2.4 维修后应做记录。

5.2.5 作业期结束后,应进行检修、保养、封存,入库保管。

5.2.6 报废、调拨时,应将装备编号、日期、原因、履历书等材料上报备案。

5.3 炮弹与火箭弹

5.3.1 装卸应遵循下列要求:

a)禁止携带手机等移动式电子设备;

　　b)禁止携带易燃易爆物品；

　　c)关闭汽车发动机；

　　d)释放人体和车辆静电；

　　e)稳拿轻放，防止摔碰、跌落和倒置。

　　5.3.2　如炮弹从高于 3 m 处意外跌落，现场人员应立即撤离，等待 30 s，经确认安全后方可继续装卸。

　　5.3.3　作业人员应熟悉炮弹与火箭弹的构造、性能等，检查其有无结构松动、表面破损、是否过期。

　　5.3.4　作业后应清理、登记弹药用量，作业期结束后将剩余弹药和弹壳上交。

　　5.3.5　实施动态管理，合理调配弹药。实弹、训练弹、故障弹、过期弹应分开存放，并设置明显标志。

　　5.3.6　过期、破损和故障弹药应就地封存，按规定进行销毁。

　　5.3.7　报废和销毁后，应将型号、批次、原因、生产日期、生产厂家等信息上报备案。

5.4　地面发生器

　　安装后应设置安全隔离护栏和警示标志，宜采用视频监控。

5.5　储存管理

　　5.5.1　作业装备应储存于符合相关规范要求的专用库房内。

　　5.5.2　无专用库房的流动作业点或临时作业点所用弹药应储存于专用保险柜内。

　　5.5.3　库房应指定专人负责，并建立完善的库房值班、出入库管理、安全防护、应急处置等规章制度。

　　5.5.4　弹药储存量不应超过专用库房和保险柜的规定安全容量。

　　5.5.5　弹药入库堆码时，箱底应垫放枕木，箱底离地 20 cm～30 cm，箱侧离墙大于 20 cm，箱体堆码不应超过 5 层。

　　5.5.6　弹药出入库时至少应有 2 人在场。

5.5.7　地面发生器烟条宜参照弹药储存要求进行管理。

5.6　作业装备故障处置

5.6.1　作业装备出现故障时,应立即停止使用,并及时上报,操作人员不允许擅自排除故障。

5.6.2　故障应由专业人员排除,并经作业装备专职管理责任人确认合格后,方可继续使用。

6　空域安全使用

6.1　高炮、火箭作业前,应按相关规定提出空域使用申请,获得批准后,方可按批准事项实施作业。

6.2　作业时,应确保通信畅通,且应有备用通信手段。

6.3　收到停止作业指令或作业装备发生故障,应立即停止作业,并报告作业实施情况。

6.4　通信中断时,应立即停止作业,并尽快报告作业实施情况。

6.5　作业结束后,申请单位应立即向航空管制部门报告作业完毕,并及时记录、上报作业实施情况。

7　作业人员管理

7.1　作业人员配备:每门高炮应不少于4人、每套火箭作业系统应不少于2人。

7.2　作业人员应经专业培训合格后上岗。

7.3　作业期前,应完成作业人员岗前培训、操作演练、信息注册,并报当地公安部门备案。

7.4　作业时,作业人员应按要求穿着、佩戴安全防护装具。

8　作业实施

8.1　检测作业装备

作业前,应按有关技术标准对作业装备进行下列检查,合格后方可参加作业:

a)检查弹药、烟条储备是否充足，有无过期、松动、破损等现象；

b)检查移动式车载火箭的车辆是否符合安全要求；

c)检查电台、对讲机、卫星电话、电池、电源及备用、应急设备等。

8.2　发布作业公告

8.2.1　公告方式

实施作业 15 天前，作业单位应通过张贴公告、广播等方式，或使用网络、手机短信等传播媒介，提前向社会公众公告人工影响天气作业事项。

8.2.2　公告内容

8.2.2.1　实施作业的安全影响区域、起止时间，作业火箭或高炮及其弹药等；

8.2.2.2　安全注意事项和可能影响、发现故障弹的处理方式、事故处理措施和方法；

8.2.2.3　公告有关单位、联系人姓名、联系方式。

8.2.3　发布范围

公告发布范围应至少覆盖作业点周边 15～20 千米区域。

9　作业安全检查

9.1　检查内容

作业安全检查的内容应包括：

a)规章制度和安全措施的建立与落实情况；

b)作业装备及其存储和运输情况；

c)安全射界图设置和执行情况；

d)作业前公告情况；

e)作业人员配备数量、教育培训、上岗资质及注册备案情况；

f)作业记录情况；

g)防雷装置、安全警示标志的设置；

h)固定作业点标准化建设情况；

i)检查项目、检查内容和评分,评分标准参见附录 B 和附录 C。

9.2　检查要求

9.2.1　省、市、县级气象主管机构每年应检查(抽查)当地人工影响天气工作安全管理状况。

9.2.2　检查工作应按下列要求进行：

a)制定明确的检查提纲；

b)查阅有关法规、标准、文件、制度、规范、预案、报表、记录、操作流程等资料；

c)检查应急处置预案的适用性、有效性；

d)查看设备运行、安全标志、维修保养等规章制度；

e)听取人工影响天气业务安全管理工作报告；

f)检查作业人员对作业装备操作技能和应知应会内容的掌握情况；

g)检验作业人员执行应急处置预案的准确性和熟练性；

h)对检查中发现的问题,及时提出整改意见,书面送达,限期整改,直至复查合格；

i)检查完毕后应形成安全检查报告。

10　安全事故处置

10.1　处置原则

10.1.1　在当地人民政府统一领导下,组织开展事故应急救援工作。

10.1.2　根据事故大小、危害程度,各级气象主管机构按职责分级响应,开展应急救援。

10.1.3　根据事故性质,力求科学、规范地进行调查和处理。

10.2　信息报送

10.2.1　事故发生后,事故现场有关人员应立即向本单位负责人报告;单位负责人接到报告后,应于2h内向事故发生地县级或以上气象主管机构报告。

10.2.2　市或省级气象主管机构应在获知信息的2h内简要报告、6h内详细报告上级气象主管机构,并详细记录事故基本信息。根据工作进展,及时上报后续情况。如出现新的情况,应及时补报。

10.2.3　报告内容包括:事故发生单位概况;事故发生的时间、地点、简要经过、现场处置与救援情况、原因初步判断;事故已经或可能造成的人员伤亡和财产损失;已经采取的措施;其他应当报告的情况。

10.3　应急处置

10.3.1　做好保护现场、救治人员、保护财产等工作,观察现场有无未爆弹药等险情。

10.3.2　有关单位应启动应急响应,相关人员应立即进入应急工作状态。

10.3.3　视需要成立事故调查组。调查组成员宜携带照(摄)像与录音设备、清理工具、勘察箱等。

10.3.4　省级气象主管机构视需要通知装备生产厂家、验收单位、保险公司等参加事故调查处理。

10.4　事故调查

10.4.1　用照(摄)像、绘图等方式记录事故现场信息,测定有关数据。

10.4.2　详细了解事故原因、发生、发展过程及人员伤亡、财产损失、天气状况和其他影响因素等。

10.4.3　调查作业装备的安全状况、作业人员的操作过程、身心健康、安全培训等信息。

10.4.4　了解安全操作规范和安全规章制度的执行状况，查看安全防护措施的落实情况。

10.4.5　分析事故原因、性质和责任，总结经验教训，提出整改措施和处理建议，及时上报调查报告。

附录 A
（资料性附录）
作业装备分类存放表样式

表 A.1 给出了作业装备分类存放表的样式。

表 A.1　作业装备分类存放表的样式

装备	高炮	火箭发射架	地面发生器	炮弹	火箭弹	烟条
高炮	○	○	○	×	×	×
火箭发射架	○	○	○	×	×	○
地面发生器	○	○	○	×	×	○
炮弹	×	×	×	○	×	×
火箭弹	×	×	×	×	○	×
烟条	×	×	×	×	×	○

注："○"表示可同库存放，"×"表示不应同库存放。

附录 B

（资料性附录）

省、市、县级人工影响天气业务安全检查表样式

B.1　省级人工影响天气业务安全检查表样式

表 B.1 给出了省（自治区、直辖市）人工影响天气业务安全检查表的样式。

表 B.1　省（自治区、直辖市）人工影响天气业务安全检查表样式

检查人员（签名）：_____、_____、_____检查日期:20___年___月___日

	评分标准	检查内容	分值	得分	简要说明
规章制度 14分	1. 有相应的规章制度并符合要求得满分；2. 有制度但不符合要求减半得分；3. 无制度得零分。	有作业单位资格审查、作业点审批制度。	2		
		作业人员培训考核备案制度。	1		
		有作业装备年检和统一采购、调配、报废制度和弹药储运。	4		
		有作业公告、有空域申请、作业信息报告制度。	3		
		建立省、市、县三级安全责任制度；有安全责任追究处理制度。	2		
		有重大安全事故报告制度、处理程序及应急预案。	2		

	评分标准	检查内容	分值	得分	简要说明
安全管理 14分	1. 有安全管理措施且严格执行得满分; 2. 有安全管理措施但无行动减半得分; 3. 无安全管理措施得零分。	制订年度人工影响天气工作计划,并对安全工作进行部署。	2		
		本年度组织开展人工影响天气安全检查并落实整改措施。	2		
		严格审批作业单位资格;审批作业点,并进行年度登记、备案。	4		
		按制度统一采购、配发、登记、调拨、维护和报废作业装备。	2		
		有专用(或部队、民爆)弹药库或自建弹药库符合有关规定(省级无弹药存储任务的按缺项处理),按规定组织销毁废旧、破损、过期弹药。	1		
		严格执行行业技术规范,完成作业装备年检。	2		
		严格执行作业人员培训、考核、备案制度。	1		
业务运行 12分	1. 有相应业务流程,执行得满分;部分不符合要求减半得分; 2. 无相应业务流程得零分。	人工影响天气组织机构健全。	2		
		有专门人工影响天气管理机构和专职管理人员。	2		
		有省级人工影响天气业务系统,且运行正常。	3		
		有省级人工影响天气业务指导产品,且发布及时。	3		
		高炮身管备份达到中国气象局的要求,每低10%扣1分。	2		
市级 60分	地市平均得分×60%。	根据检查方案,对市级人工影响天气工作检查后计算得分。	60		
总　得　分					
问题建议					

B.2　市级人工影响天气业务安全检查表样式

表 B.2 给出了市级人工影响天气业务安全检查表的样式。

表 B.2　市(地、州、盟)人工影响天气业务安全检查表样式

检查人员(签名):_____、_____、_____　检查日期:20____年____月____日

项目	评分标准	检查内容及评分标准	分值	得分	简要说明
规章制度 10 分	1. 有相应的规章制度并符合要求得满分; 2. 有制度但不符合要求减半分; 3. 无制度得零分。	有人工影响天气作业人员、装备档案管理制度。	5		
		有重大安全事故报告制度、处理程序及应急预案。	5		
安全管理 15 分	1. 有安全管理措施且严格执行得满分; 2. 有安全管理措施但无行动减半得分; 3. 无安全管理措施得零分。	制订了年度人工影响天气工作计划。	5		
		组织开展人工影响天气安全检查,落实整改措施。	5		
		按规定对作业人员进行年度培训、考核、注册。	5		
业务运行 15 分	1. 有相应业务流程且严格执行得满分; 2. 有相应业务流程但部分不符合要求减半得分; 3. 无相应业务流程得零分。	组织机构健全,有专门管理机构和专职管理人员。	5		
		有人工影响天气业务系统,运行稳定,预警及时。	5		
		按规定及时汇总、上报人工影响天气作业信息。	5		
县级 60 分	县级平均得分×60%。	根据方案,完成县级人工影响天气工作检查后计算得分。	60		
总　得　分					
问题建议					

B.3　县级人工影响天气业务安全检查表样式

表 B.3 给出了县级人工影响天气业务安全检查表的样式。

表 B.3　_____县(区、市、旗)人工影响天气业务安全检查表样式

检查人员(签名):_____、_____、_____填表日期:20____年____月____日

项目	评分标准	检查内容及评分标准	分值	得分	简要说明
规章制度 10 分	1. 有相应的规章制度且符合要求得满分; 2. 有制度但不符合要求减半得分; 3. 无制度得零分。	制订了年度人工影响天气工作计划。	3		
		开展了人工影响天气安全检查,整改合格。	3		
		有人工影响天气作业人员、装备档案管理制度。	2		
		为作业人员购买了人身保险。	2		
安全管理 20 分	1. 有安全管理措施并严格执行得满分; 2. 有安全管理措施但无行动减半得分; 3. 无安全管理措施得零分。	制订年度人工影响天气工作计划并部署安全工作。	4		
		开展人工影响天气安全年度检查,落实整改措施。	4		
		作业人员完成了年度培训、考核、注册。	3		
		作业前发布了作业公告(以证明材料为准)。	3		
		有事故处理救助预案。	3		
		专用弹药库或自建弹药库符合有关规定。作业期结束后按规定将弹药集中存放。	3		

项目	评分标准	检查内容及评分标准	分值	得分	简要说明
业务运行 10 分	1. 有相应的业务流程且执行得满分；2. 有相应的业务流程但部分不符合要求减半得分；3. 无相应业务流程得零分。	组织机构健全,有专门管理机构和专职管理人员。	2		
		有人工影响业务系统,运行稳定,预警及时。	2		
		严格执行空域申请相关规定,申报审批记录完整。	3		
		按规定及时汇总、上报人工影响天气作业信息。	3		
作业点 60 分	作业点平均得分×60%。	按"附录 C 人工影响天气作业点安全检查表"完成检查,以其平均得分情况来计算。	60		
总　得　分					
问题建议					

附录 C
（资料性附录）
人工影响天气作业点安全检查表样式

表 C.1 给出了人工影响天气作业点安全检查表的样式。

表 C.1　人工影响天气作业点安全检查表样式

省（自治区、直辖市）　　市（地、州、盟）

县（区、市、旗）（火箭/高炮）作业点

检查人员（签名）：_____、_____、_____检查日期：20____年____月____日

项目	评分标准	检查内容及评分标准	分值	得分	简要说明
人员情况10分	1. 作业人数，作业人员年龄、学历符合要求，有完整的培训、审核、注册档案得满分； 2. 作业人数不符合要求减半得分； 3. 作业人数不符合要求，又无完整的人员培训、审核、注册档案得零分。	作业人数符合安全规定。	2		
		作业人员通过有关部门审查、备案；新上岗作业人员培训达到中国气象局有关要求，有培训记录；所有作业人员每年参加培训，档案记录完整。	2		
		作业人员有年度注册记录。	2		
		作业人年龄符合中国气象局要求。	1		
		作业人员达到初中以上文化程度。	1		
		作业人员有防护帽、雨衣、雨鞋、防护服等劳动保护装备。	2		

项目	评分标准	检查内容及评分标准	分值	得分	简要说明
作业点标准化建设情况 34 分	1. "两库两室一平台"作业点建设符合相关要求,有有效通信、防雷设施,有完好的炮衣、箭衣得满分;2. "两库两室一平台"作业点建设基本符合要求,有有效通信设施减半得分。	作业点设置避开航路、航线、城镇、油库、重要电力设施、国道和重点文物保护单位,且在有关单位备案。	2		
		作业点视野开阔,出炮口弹道上无电杆、电线、树木、建筑物等障碍物。	2		
		作业点周围设立警戒标志和允许射击方位标志。	2		
		作业点距离居民区 500 m 以上。	2		
		作业点通信设施有效。	2		
		防雷设施符合有关规范要求。	2		
		炮(箭)衣完好。	2		
		高炮库房宜采用框架结构,建筑面积不小于 20m²。	4		值班室与休息室在一起可合并计分
		弹药库房宜采用框架结构,建筑面积不小于 10m²。	4		
		值班室宜采用砖混结构,建筑面积不小于 15m²。	4		
		休息室宜采用砖混结构,建筑面积不小于 20m²。	4		
		作业平台平整夯实。	4		

表C.1　人工影响天气作业点安全检查表样式(续)

省(自治区、直辖市)　　市(地、州、盟)　　县(区、市、旗)(火箭/高炮)作业点

检查人员(签名):＿＿＿、＿＿＿、＿＿＿　检查日期:20＿＿年＿＿月＿＿日

项目	评分标准	检查内容及评分标准	分值	得分	简要说明
安全管理 56分	1.有安全管理措施且严格执行得满分; 2.有安全管理措施但无行动或无相关证明材料减半得分; 3.无安全管理措施得零分。	作业资格完成了年度注册。	4		
		作业前发布作业公告(有证明材料)。	4		
		作业点有警戒标志。	4		
		按规定运输、存储弹药,作业装备有定期维护保养记录。	4		
		按行业规范完成高炮、火箭作业系统年检,有年检证等材料。	4		
		有事故处理救助预案,作业事故、设备故障按要求上报。	4		
		为作业人员购买了人身保险。	4		
		安全射界图半径达10千米范围,1千米画1圈,标注重要目标物。	4		
		高炮、火箭发射架前方视野开阔,弹道无阻挡物。	4		
		作业点有《人工影响天气管理条例》、《高炮人工防雹增雨作业业务规范》、《人工影响天气安全管理规定》以及中国气象局编写的《人工影响天气安全事故案例》等学习材料,张贴相关规章制度。	4		
		检查、询问作业人员对有关安全制度、作业程序、应急处理及安全技能的掌握情况,按好、中、差分别得4、3、2分。	4		
		作业点值班室、休息室、弹药库、炮(箭)库分离。	3		
		有作业平台、炮(箭)库,弹药库有防盗设施。	3		
		作业期间,弹药库房24小时有人值班;作业期结束后,弹药上缴集中存放。	3		
		弹药存放做到箱底垫枕木,上、左、右、前、后面不靠,用零存整、用旧存新。	3		
总　得　分					
问题建议					

附录2.3 人工影响天气火箭作业系统年检规范

ICS 07.060

A47

备案号：

DB

四 川 省 地 方 标 准

DB51/T 977—2009

人工影响天气火箭作业
系统年检规范

Technical Specification for AnnualVerification of Rocket
Operation System of Weather Modification

2009-11-20 发布　　　　　　　2009-12-01 实施

四川省质量技术监督局　发布

前　言

　　鉴于我国目前尚无人工影响天气火箭作业系统年检的国家标准和行业标准,为规范年检,增强科学性、先进性和安全性,根据《中华人民共和国气象法》、《人工影响天气管理条例》、《四川省人工影响天气管理办法》和中国气象局的有关规定,以及江西国营九三九四厂和陕西中天火箭技术有限责任公司提供的相关技术资料,制定本标准。

　　本标准按 GB/T 1.1—2000《标准的结构和编写规则》、GB/T 1.2—2002《标准中规范性技术要素内容的确定方法》进行编写。

　　本标准附录 A 为规范性附录,附录 B 和附录 C 为资料性附录。

　　本标准由四川省气象局提出。

　　本标准由四川省质量技术监督局批准。

　　本标准由四川省气象局政策法规处归口。

　　本标准起草单位:四川省人工影响天气办公室。

　　本标准主要起草人:郝克俊、徐精忠、王维佳、陈国学、孙林生和余芳。

　　本标准为首次发布。

人工影响天气火箭作业系统年检规范

1　范围

本标准规定了人工影响天气火箭作业系统的年检项目、内容、要求、步骤和方法。

本标准适用于四川省人工影响天气 BL、WR 系列火箭作业系统的年检。日常检修,参照本标准执行。

2　术语和定义

下列术语和定义适用于本标准。

2. 1　年检 annual verification

按照技术规范,每年对火箭作业系统进行一次全面检测维修的活动。

2. 2　火箭作业系统 rocket operation system

由火箭弹、发射架和发射控制器组成的用于人工增雨防雹的作业工具。

2. 3　火箭弹 rainfall-enhancement and hail-suppression rocket

简称火箭,携带作业催化剂,发射到云内适当部位,对云体进行催化作业。由催化剂播撒装置、动力装置、自毁或安全着陆回收装置和稳定翼等组成。

2. 4　发射架 launcher

用来装填和发射火箭,并与发射控制器一起检测火箭的点火线路,使火箭离架时具有初始飞行速度和飞行姿态,以保证火箭稳定飞行,达到预定目标。

2.5　发射控制器 launch-controller

与火箭弹和发射架配套使用,提供火箭检测、发射指令及点火能量。

3　年检目的和要求

3.1　全面检测,发现问题,及时维修,以确定火箭作业系统性能完好,操作安全、可靠。

3.2　当年启动人工影响天气作业前完成。

4　年检组织和评价

4.1　省气象主管机构组织专业技术人员实施年检。

4.2　省气象主管机构主管人员填写年检合格或不合格的评价结论。年检合格,才能实施作业。

5　年检内容和要求

5.1　发射架

5.1.1　发射架完好,零部件无缺损、松动;导线焊接处牢靠,接触紧密,无断裂,无锈蚀。

5.1.2　高低机、方位机操作转动灵活,无卡滞;锁紧机构可靠,无松动。

5.1.3　点火线路畅通,点火线夹完好,无短(断)路。

5.1.4　点火触头伸缩自如、无锈蚀。

5.1.5　导轨无磕碰、变形。

5.1.6　发射通道与发射控制按键对应相符。

5.1.7　BL、WR 系列火箭年检表见附录 A。

5.2　发射控制器

5.2.1　操作按键、开关灵活,无卡滞、无损毁,通道接口完整无损伤。

5.2.2　显示屏、通道接口完好无损伤,指示灯或蜂鸣器工作正常。

5.2.3　接触点无锈蚀、松动,检测电流和点火电压正常。

5.2.4　点火线路畅通,通道顺序对应相符,模拟发射正常。

5.2.5　外观完好,无损伤。

5.2.6　BL、WR 系列火箭常见故障类型,见附录 B。

5.2.7　BL、WR 系列火箭基本性能参数,见附录 C。

6　年检工具和量具

6.1　通用工具

6″十字(一字)螺丝刀,12″活动扳手,8×10(12×14)梅花田固定扳手,150 mm 钢丝钳, 0.5 kg 圆头锤,50 W 电烙铁,8″扁平锉,什锦锉(小号)等。

6.2　专用工具和量具

发射架:检查芯棒、塞尺和万用表。

发射控制器:万用表。

7　年检步骤和方法

7.1　发射架

7.1.1　性能检测

7.1.1.1　标准芯棒从导轨顶部插入,慢慢下滑穿出,包容圆柱直径要求见附录 A。

7.1.1.2　BL-1、BL-2 火箭用 0.3 mm 的塞尺插入,导轨与标准芯棒间的间隙 0~0.4 mm。

7.1.1.3　WR-98、WR-1D 火箭导轨与标准芯棒间的间隙 0.2~0.5 mm,用 0.2~0.5 mm 的塞尺调整。

7.1.2　功能检测

7.1.2.1　用摇柄摇起升降机构,查看高低机升降的灵活性。

7.1.2.2　拆开方位锁紧装置,转动方位机摇柄,查看方位机转动的灵活性。

7.1.2.3　检查挡弹器转动是否灵活,挡片能否轻松卡在限位槽中。

7.1.3　外观检查

7.1.3.1　检查挡弹器、角度仪、插座、点火线夹是否完好,有无松动、锈蚀。

7.1.3.2　检查导轨及升降机构是否损坏变形,焊接处有无裂痕和断裂。

7.1.3.3　将锁紧装置锁紧,用力摇动发射架,检查锁紧装置的可靠性。

7.2　发射控制器

7.2.1　性能检测

7.2.1.1　用万用表检测点火电压,BL 系列火箭为 12 V,WR 系列火箭为 85±5 V。

7.2.1.2　用万用表检测电流,BL 系列火箭为≤1 mA,WR 系列火箭为 1.000±0.005 mA。

7.2.1.3　用标准电阻对比检测。

7.2.2　功能检测

7.2.2.1　将总电源开关扳到"开"、"关"档位置,查看显示屏是否正常。

7.2.2.2 检测开关分别按下时能相互连锁灵活,各通道指示正常。

7.2.2.3 发射电源、发射按钮开关,弹起和按下时灵活正常。

7.2.2.4 查看充电状态时电源指示灯是否点亮:BL 系列火箭,用充电线一头插入控制器,另一头插入 220V 电源;WR 系列火箭,装入 5 号电池或插上配套外接电源,打开电源开关。

7.2.2.5 打开总电源开关,按下发射电源,听见报警声,电压指示正常。

7.2.2.6 打开总电源开关,电阻数字显示屏显示"1",周围无黑斑、裂纹。

7.2.2.7 BL 系列火箭用教练弹模拟发射,听见弹内发出报警声(或用小灯泡模拟发射,看见灯泡发光)。

7.2.3 外观检查

查看外壳有无裂纹、变形、晃动,有无松动现象。

8 年检通报和归档

8.1 年检结束后,由省气象主管机构向受检单位通报年检情况。

8.2 年检记录和有关资料,按要求整理归档。

附录 A
（规范性附录）
BL、WR 系列火箭年检表

A.1　BL 系列火箭年检表

年检编号：　　　　　　　　　　　　　　　　火箭编号：

使用单位				年检日期	20　年　月　日	
序号	名称	项目	规程要求	检验方法	检查结果	
1	发射控制器	功能	①开关按钮操作灵活无卡滞；②充电状态指示正常；③12 V电压指示正常；④电阻数字显示屏正常显示。	实际操作		
		外观	外观完整，无损伤。	现场查看		
2	火箭发射架	性能	导轨包容圆柱直径 Φ 56.760＋0.4 mm（BL-1A 型）、Φ 44.760＋0.4 mm（BL-2A 型）；导轨与芯棒之间的间隙 0～0.4 mm。	标准芯棒		
				塞尺		
		功能	①高低机升降灵活；②方位机转动灵活；③挡弹器运转灵活。	按说明书要求，实际操作		
		外观	①零部件无缺损，焊接处无虚焊、脱焊；②锁紧装置可靠。	现场查看		

续表

序号	名称	项目	规 程 要 求	检验方法	检查结果
3	发控系统	性能	检测电流≤1 mA。	用万用表测量	
			线路电阻在1～2.5 Ω之间。	用发射控制器测量	
		功能	模拟发射检验。	用教练弹或 12 V 0.1 A 的小灯泡试验	

存贮条件　　□干燥　　　　□一般　　　　□潮湿

部 件 更 换 记 录

序号	名　称	型　号	更 换 原 因	数量

建议		
年检评价	记录人(签字)	
	评价人(签字)	
说明	1.年检由省气象主管机构组织实施。 2.年检记录由检测人员填写,一式三份,分存受检单位、年检单位和省气象主管机构。 3.年检评价由省气象主管机构的主管人员填写。	

检测人员签字:＿＿＿＿＿＿　　　　省气象主管机构主管人员签字:＿＿＿＿＿＿

省气象主管机构领导签字:＿＿＿＿＿＿＿＿　　　　20　年　月　日

A. 2　WR 系列火箭年检表

年检编号：　　　　　　　　　　　　　　　　　火箭编号：

使用单位				年检日期	20　年　月　日	
序号	名称	项目	规 程 要 求	检验方法		检查结果
1	发射控制器	性能	①点火电压 85±5 V； ②检测电流 1.000±0.005 mA；	用万用表分别调到电压、电流档测量		
			③电阻检测准确度±0.3 Ω；	用标准 5 Ω 电阻对比		
		功能	④电池输入正常； ⑤各通道指示正常； ⑥开关旋钮操作灵活； ⑦状态切换正常。	按说明书实际操作		
2	火箭发射架	性能	①导轨包容圆柱直径 Φ82.3$^0_{-0.054}$ mm(WR-98)，Φ57.14 −0.036−0.042 mm(WR-1D)；	将标准芯棒 Φ82.3$^0_{-0.054}$ × 1000 (WR-98) Φ57.14$^{-0.036}_{-0.042}$ × 500 (WR-1D) 放入导轨		
			②导轨与芯棒间隙 0.2～0.5 mm；	以 0.2～0.5 mm 塞片调整		
			③各通道电阻≤9Ω(触点短接)；	用发射控制器测量		
		功能	④俯仰机构转动灵活,锁紧机构牢固可靠； ⑤方位机构转动灵活,锁紧机构牢固可靠； ⑥挡弹器运转灵活； ⑦点火触点滑动自如；	按说明书要求实际操作		
		外观	⑧零部件无缺损、线路焊点无锈蚀； ⑨紧固装置牢固。	现场查验		

续表

存贮条件	□干燥	□一般	□潮湿		

部 件 更 换 记 录

序号	名 称	型 号	更 换 原 因	数量

建议	

年检评价		记录人(签字)	
		评价人(签字)	

说 明	1.年检由省气象主管机构组织实施。 2.年检记录由检测人员填写,一式三份,分存受检单位、年检单位和省气象主管机构。 3.年检评价由省气象主管机构的主管人员填写。 4.本系统所用电皆为直流电。

检测人员签字:＿＿＿＿＿＿＿＿＿ 省气象主管机构主管人员签字:＿＿＿＿＿＿＿＿＿

省气象主管机构领导签字＿＿＿＿＿＿＿＿＿ 20 年 月 日

附录 B

（资料性附录）

BL、WR 系列火箭常见故障类型

B. 1　发射控制器

B. 1.1　电量不足；

B. 1.2　按键失灵；

B. 1.3　插（接）头锈蚀；

B. 1.4　线路断（短）接；

B. 1.5　蜂鸣器无叫声等。

B. 2　发射架

B. 2.1　运输或搬动、磕碰等引起变形；

B. 2.2　点火线夹弹簧或触片锈蚀；

B. 2.3　高低机、方位机转动不灵活；

B. 2.4　挡弹器变形或锈蚀失灵；

B. 2.5　锁紧装置不可靠等。

B. 3　火箭弹

B. 3.1　超过 3 年有效使用期；

B. 3.2　长途运输或搬运、作业时受损、受潮；

B. 3.3　弹体、尾翼松动；

B. 3.4　存储不当等。

附录 C
（资料性附录）
BL、WR 系列火箭基本性能参数表

项　目	BL-1 型	BL-2 型	WR-98 型	WR-1D 型
生产厂家	江西国营九三九四厂	江西国营九三九四厂	陕西中天火箭技术有限责任公司	陕西中天火箭技术有限责任公司
弹径（mm）	Φ 56	Φ 44	Φ 82	Φ 57
弹长（mm）	765	657	1450 ± 5	1070 ± 5
全弹质量（kg）	2.1	1.2	8.5 ± 0.3	4.3 ± 0.2
最大射高（km）	≥7	≥4	8.0 ± 0.5	6.0 ± 0.3
最大射程（km）	7	3.5	8.5	6
发射成功率（%）	≥99	≥99	≥99	≥99
使用温度（℃）	$-20\sim+50$	$-20\sim+50$	$-30\sim+45$	$-30\sim+45$
储存温度（℃）	$-40\sim+50$	$-40\sim+50$	$-30\sim+45$	$-30\sim+45$
储存湿度（%RH）	≤75	≤70	≤70	≤70
贮存年限（a）	3	3	3	3
催化剂携带量（g）	180	180	725	220 ± 10
催化剂工作时间（s）	≥15	≥10	$40\sim50$	29 ± 2
AgI 含量（g）	10.5	3	36	11
-10℃时催化剂成核率（g^{-1}）	1.8×10^{15}	1.8×10^{15}	1.8×10^{15}	1.8×10^{15}
方向射界（°）	$0\sim360$	$0\sim360$	$0\sim360$	$0\sim360$
高、低射界（°）	$45\sim85$	$45\sim85$	$45\sim85$	$45\sim85$
最大残骸质量（g）	≤100	≤180	2900	2100
残核处理方式	三炸自毁飘落地面	三炸自毁飘落地面	伞降着地	伞降着地
空中滞留时间（s）	35	28	240	180

附录 2.4　人工影响天气固定作业点建设规范

ICS　07.060A47

DB51

四 川 省 地 方 标 准

DB51/T　1223—2011

人工影响天气
固定作业点建设规范

2011－04－20 发布　　　　　　2011－05－01 实施

四川省质量技术监督局　　发布

前　言

　　目前,我国无人工影响天气固定作业点建设的国家标准和行业标准。为规范固定作业点的标准化建设,增强科学性和安全性,制定本标准。

　　本标准的附录 A、附录 B 是资料性附录。

　　本标准由四川省气象局提出。

　　本标准由四川省质量技术监督局批准。

　　本标准由四川省气象局政策法规处归口。

　　本标准起草单位:四川省人工影响天气办公室。

　　本标准主要起草人:郝克俊、王维佳、陈碧辉、徐精忠、詹万志、郝竞扬、韦巍、邹勇、郭守峰、刘鹏、任富建、陈国学、余芳、卫东。

人工影响天气固定作业点建设规范

1　范围

本标准规定了人工影响天气固定作业点设置、建设、人员要求、日常管理等内容。

本标准适用于四川省范围内人工影响天气高炮、火箭固定作业点的建设。

2　规范性引用文件

下列文件对于本文件的应用是必不可少的。凡是注日期的引用文件,仅注日期的版本适用于本文件。凡是不注日期的引用文件,其最新版本(包括所有的修改单)适用于本文件。

37 mm 高炮防雹增雨作业安全技术规范　QX/T 17—2003

人工影响天气火箭作业技术规范　DB51/T 855—2008

人工影响天气火箭作业系统年检规范　DB51/T 977—2009

建筑物防雷设计评价技术规范　DB51/T 980—2009

3　术语和定义

3.1　人工影响天气 weather modification

为避免或者减轻气象灾害,合理利用气候资源,在适当条件下通过科技手段对局部大气的物理过程进行人为影响,实现增雨(雪)、防雹、消雨、消雾、防霜等目的的活动。

3.2　作业点 operating spot

地面实施人工影响天气作业的地点。

3.3　固定作业点 fixed operating spot

有固定建(构)筑物、设备、观测仪器、作业装备、作业平台等的作业点。

3.4　两室 two rooms

固定作业点上专门为作业人员修建的值班室和休息室。

3.5　两库 two storehouses

固定作业点上专门供存放高炮、火箭的库房和临时存放弹药的库房。

3.6　一平台 one platform

固定作业点上专门为高炮或火箭实施人工影响天气作业修建的平台。

4　固定作业点设置

4.1　选址原则

4.1.1　合法性原则

符合有关法律、法规、技术标准、规范性文件,按照规定程序申报、审批、建设和验收。

4.1.2　合理性原则

根据气候特点、地理位置、交通、通讯等条件,在视野开阔、保护目标的上风方布设。

4.1.3　避害性原则

——周围无高大建(构)筑物、无重要设施、无重点文物保护单位等,离居民区 500 m 以上。

——避开机场飞行控制区、航路、航道、主要公路、铁路、电力、油库、人口密集区、洪涝和山地灾害易发地带。

——弹道上无电杆、电线、电缆、水塔、铁塔、树木、建筑物等障碍物。

综合性原则

——满足当地社会经济发展需求，能开展气象要素观测。

4.2　申报程序

将测定的作业点资料，按规定填报市级气象主管机构，经审核后报省气象主管机构。

4.3　审批程序

——省气象主管机构报空军、民航相关管理部门审批。

——经审批确定的作业点纳入业务管理和实施作业。

4.4　变更程序

作业点确需变动，按规定程序重新测定、申报和审批。

5　固定作业点建设

5.1　两室建设

值班室、休息室宜用框架结构，面积分别不小于 15 m²、20 m²。

5.2　两库建设

5.2.1　炮库宜用框架结构，不小于长 6 m、宽 4 m、高 5 m。

5.2.2　作业期临时弹药库符合规定要求，面积不小于 10 m²。

5.3　作业平台建设

5.3.1　平整夯实，禁射标志醒目，射击视角不小于 45°。

5.3.2　值班室与作业平台、值班人员和作业人员之间能听清相互呼叫。

5.4　通信设施

有固定电话(或甚高频、对讲机、卫星电话)、移动电话。

5.5　防雷措施

做好两库、两室、通信设施的防直击雷、雷电感应措施。

5.6　其他设施

5.6.1　四周有围墙,建成独立场院。

5.6.2　配备发电机、UPS 等电源。

5.6.3　备有生活厨房、卫生间,通水、电。

6　人员要求

6.1　作业人员已办理相关保险,经省气象主管机构审核、培训合格并取得上岗证。

6.2　每门高炮配备 5～7 人,每套火箭配备 3 人。

6.3　每年启动人工影响天气作业前,作业人员进行岗前培训和操作演练。

6.4　作业时,作业人员统一着装,头戴安全帽。

7　日常管理

7.1　作业点值班

7.1.1　年度作业期间 24 小时值班,严密监视天气变化,作业信息 2 小时内上报。

7.1.2　与县级作业指挥中心保持通信畅通,准确及时传达上级下达的各项指令。

7.1.3　值班日志记录准确、清楚,待办事项记录备查,上、下班交接手续完善。

7.1.4　做好用电、消防、防盗、保密等工作。

7.2　装置管理

7.2.1　高炮、火箭宜勤检查、勤擦拭、勤维修和勤打油,及时检修。

7.2.2　做好高炮、火箭的使用、检修、年检和报废等记录、归档。

7.2.3　作业期结束后,检修高炮、火箭,做好防尘、防锈,防止变形。

7.3　弹药管理

7.3.1　专用库房、专人看管,做好防火、防爆和防盗。

7.3.2　弹药出入库凭证办理,登记造册,帐物相符。

7.3.3　弹药分类存放,用旧存新,堆放时五面不靠,箱底(侧)离地(墙)20~30 cm。

7.3.4　每次作业后登记剩余弹药、已用弹药的剩余物,作业期结束后上交集中存放。

7.4　注意事项

7.4.1　禁止向可能受到影响的人口聚集区、重要设施和重点文物保护单位等实施作业。

7.4.2　未打完的弹药要清擦干净,单独装箱,注意防潮,尽早使用。

7.4.3　弹药发射不成功,收回封存。未查明原因前,禁止再次使用。

7.4.4　作业时发现未炸弹头,通知可能落区所在的村、镇人民政府协助查找,登记备查。

7.4.5　射击仰角≥60°时,作业点及附近人员要注意顶空安全,以防弹体破片伤害。

附录 A
（资料性附录）
作业流程

A.1　射前检查

A.1.1　高炮、火箭是否符合作战要求。

A.1.2　弹药有无破损或松动、变形，是否过期。

A.2　准备射击

A.2.1　装好弹药，检查是否符合发射要求。

A.2.2　非作业人员远离作业装置 50 m 以外，作业人员就位等待发射指令。

A.2.3　作业组织向民航空中交通管理部门提出作业申请。

A.3　实施作业

A.3.1　收到作业组织下达的作业指令，指挥人员下达对空作业发射命令。

A.3.2　作业人员在批准的作业时限内发射炮弹或火箭弹。

A.3.3　未经批准，严禁对空射击作业。

A.4　作业回复

A.4.1　作业完毕，及时报告作业组织。

A.4.2　作业组织及时向民航空中交通管理部门回复作业完毕。

A.4.3　多次作业，重复以上步骤。

A.5　作业后清理

A.5.1　作业完毕，及时清点弹药使用量。

A.5.2　详细记录空域申请、批复、回复和作业等事项。

A.5.3　每次作业后,高炮、火箭及时清擦,涂油防锈。

A.6　注意事项

A.6.1　作业点到县级指挥中心或民航空中交通管理部门间通信中断,立即停止作业。

A.6.2　作业时高炮、火箭出现故障,立即停止射击,待故障排除后重新申请作业。

附录 B

（资料性附录）

指挥流程

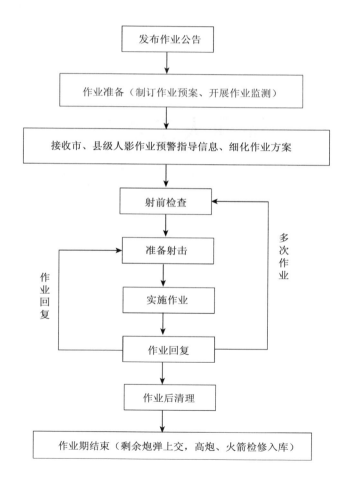

附录 2.5　地面人工影响天气安全管理规范

ICS ＋

A47

DB51

四 川 省 地 方 标 准
DB51/　1326—2011

地面人工影响
天气安全管理规范

2011－10－21发布　　　　　　　2012－01－01实施

四川省质量技术监督局　　发布

前　言

本标准按 GB/T 1.1—2009 给出的规则起草。

本标准由四川省气象局提出并归口。

本标准由四川省质量技术监督局批准。

本标准起草单位:四川省人工影响天气办公室。

本标准主要起草人:郝克俊、王维佳、陈碧辉、余芳、徐精忠、詹万志、郝竞扬、陈国学、任富建、韦巍、郭守峰、邹勇、刘鹏、卫东。

地面人工影响天气安全管理规范

1　范围

本标准规定了管理原则、管理分类、监督检查、作业管理、装置管理和弹药管理等内容。

本标准适用于四川省范围内的地面人工影响天气安全管理。

2　术语和定义

下列术语和定义适用于本文件。

2.1　作业公告 operational task bulletin

每年作业前,作业组织通过电视、电台、广播、报刊、告示等多种方式,向公众告知人工影响天气作业的行为。

2.2　作业安全 safety of operation

作业现场、作业空域和作业影响区内人、物的安全。

2.3　弹药存储 storage of ammunition

用专用库房保存弹药的行为。

2.4　弹药使用 employment of ammunition

在作业装置中装填弹药,对空实施射击的行为。

2.5　装置使用 employment of apparatus

对装置实施操作、检测、维修等行为。

3　管理原则

3.1　预防性

健全规章制度,配置安全设施,完善预防措施。

3.2 规范性

岗位职责明确,操作程序清楚,检查方便有效。

3.3 层次性

省、市、县和作业点分级管理,层层落实责任,实行"谁主管,谁负责"。

3.4 针对性

针对作业点、作业人员、作业季节特点,制定安全管理措施。

3.5 实用性

简洁、清楚、直观、易行。

3.6 系统性

从全局着眼,局部入手,统筹协调,形成有机整体。

4 管理分类

4.1 管理机制

4.1.1 责任机制

作业组织负责人为第一责任人,负责统筹、协调和落实安全管理工作。

4.1.2 应急机制

完善预警机制、应急保障体系、应急处理预案,强化应急演练,快速准确地处置安全事故。

4.1.3 奖惩机制

完善奖惩措施,促进从业人员养成令行禁止的良好习惯。

4.2 管理方法

4.2.1 目录管理法:用目录列出岗位职责,对照所做工作,按轻重缓急完成。

4.2.2 清单梳理法:用清单列出需要遵守的操作规则、注意事项,避免出错。

4.2.3　安全表检查法：问答方式，将容易出现的各种不安全要素事先编制成表，便于检查。

4.3　日常管理

物品分区整齐摆放，标识醒目，取用方便；用后及时清理归位，保持设备良好状态。

5　监督检查

5.1　检查要求

5.1.1　检查内容清晰，检查报告详实。

5.1.2　发现问题，限期整改。

5.2　检查内容

5.2.1　岗位职责、安全责任是否落实，作业流程是否清楚，监管体系是否完善。

5.2.2　工作交接或代理的规定、程序是否清楚、完善。

5.2.3　作业人员操作熟练程度、安全管理制度执行情况、作业现场安全状况等。

5.2.4　作业装备、运载车辆、通信工具等是否正常。

5.2.5　信息收集、登记、上报、宣传、归档等内容。

5.3　检查步骤

5.3.1　检查有关规章制度、记录、报表、文件、资料等。

5.3.2　查看设备运行、安全标志、作业环境安全状况等。

5.3.3　听取安全负责人介绍执行有关规章制度、安全预防措施、培训演练等情况。

5.3.4　询问有关安全职责、作业管理、应知应会等内容。

5.3.5　现场演练，查看作业人员应急处置的熟练性、准确性，检验应急预案的适用性、有效性。

6　作业管理

6.1　作业人员

6.1.1　经省气象主管机构培训、考试、考核合格，取得上岗证，并办理相关保险。

6.1.2　每年启动人工影响天气作业前,完成岗前培训和操作演练。

6.1.3　每门高炮配备 5～7 人,每套火箭配备 3 人;作业时,作业人员着装统一、头戴安全帽。

6.2　作业点

6.2.1　周围开阔,射击视角不小于 45°,离居民区 500 m 以上。

6.2.2　按规定程序申报,经省气象主管机构会同空军、民航相关管理部门审批。如有变动,重新报批。

6.2.3　建成独立场院,有值班室、休息室、库房、作业平台、防雷设施、简易气象要素观测等。

6.2.4　安全射界图标示禁射区,及时更新。

6.3　作业公告

6.3.1　公告实施作业的区域、时间,所用的作业装置、弹药、物品等。

6.3.2　公告安全注意事项、应急处理措施、有关联系人与联系方式。

6.4　作业流程

6.4.1　作业前,制定预案,作业人员检测装备;装好弹药,做好作业准备。

6.4.2　作业组织用语音或其他通讯方式,向民航空中交通管理部门提出作业申请。

6.4.3　收到并核实作业申请批复,在批准的空域和时限内作业。射击结束,立即回复有关部门。

6.4.4　作业后,详细记录、上报有关作业信息,清点弹药,保养装置。

6.4.5　作业期间 24 小时值班,保持通信畅通;如遇通信中断,立即停止作业。

6.5 安全事故处理

6.5.1 作业组织落实作业安全事故应急处理预案,当地政府及有关部门统一协调处理。

6.5.2 作业安全事故在1小时内简要报县级以上人民政府安全生产监督管理部门和气象主管机构。

6.5.3 有关作业组织按规定启动应急预案,必要时组织工作组到现场指导,协助做好善后工作。

7 装置管理

7.1 装置使用

7.1.1 年检合格,持证上岗人员专人操作。

7.1.2 报废、调拨或转让,报省气象主管机构审批同意后实施。

7.2 装置保养

7.2.1 勤检查、勤擦拭、勤维修、勤打油,防止锈蚀、磨损、损坏、松动、受潮、弹簧失效。

7.2.2 每次作业后及时清擦,涂油防锈,穿好炮(箭)衣。

7.2.3 作业期结束,全面检修,打油封存,入库保管。

7.3 装置储运

7.3.1 符合规定要求,专车运输,持证专人押运。

7.3.2 运载车辆状况良好,装载符合安全要求。

7.3.3 入库保管时,拆卸高炮关键部件,炮轮离地,穿好炮衣;火箭架要防止导轨、底板变形。

7.4 装置故障

7.4.1 了解作业人员操作过程,故障发生经过、排除措施等,检测分析,判断故障。

7.4.2 排除故障时,由简到繁,尽量少拆;调整清理,重新结合;及时修理,更换零件。

7.4.3　作业人员避免不规范操作,以免零部件损坏产生故障。

8　弹药管理

8.1　弹药使用

8.1.1　熟悉弹药的标志、构造、性能等,严格遵守使用规定。

8.1.2　检查弹药有无松动或破损,过期弹、故障弹登记造册,单独封存保管,上交统一销毁。

8.1.3　每次作业后登记剩余弹药、已用弹药的剩余物;作业期结束后,剩余弹药上交集中存放。

8.2　弹药运输

8.2.1　凭公安部门出具的准购、准运证专人押运,专车运输;车况良好,防雨、防晒、灭火设备完好。

8.2.2　装卸时,关闭汽车发动机;稳拿轻放,防止摔碰、跌落和倒放。

8.2.3　如有弹药高于 3 m 处跌落时,应立即鸣哨,现场人员全部撤离,等 30 s 后继续装卸。

8.3　弹药储存

8.3.1　符合爆炸物品存储规定,专用仓库内无易燃物、易爆物、腐蚀液体、磁性物品等危险品和杂物。

8.3.2　弹药出入库凭证办理,登记造册,帐物相符;用旧存新,用零存整。

8.3.3　库房专人看管,真弹、教练弹、故障弹标志醒目,分类存放。火源、移动通信工具等禁止入库。

8.3.4　库房通风、干燥,温度、湿度符合要求,做好防静电、防洪、防火、防爆、防盗。

8.3.5　堆码时箱垫枕木,五面不靠,箱底(侧)离地(墙)20~30 cm。

附录 2.6　空中水资源评估方法

ICS　07.060

A47

DB51

四 川 省 地 方 标 准

DB51/T　1445—2012

空中水资源评估方法

2012－07－25发布　　　　　　　　　　2012－08－01实施

四川省质量技术监督局　　发布

前　言

本标准由四川省气象局提出并归口。

本标准按 GB/T 1.1—2009《标准化工作导则 第 1 部分标准的结构和编写》给出的规则起草。

本标准起草单位:四川省人工影响天气办公室。

本标准主要起草人:王维佳、郝克俊、詹兆渝、陈碧辉、刘晓璐、耿蔚、余芳、徐精忠、刘志。

空中水资源评估方法

1　范围

本标准规定空中水资源相关的术语和定义、评估内容与方法。

本标准适用于四川省辖区范围内空中水资源的评估。

2　术语和定义

下列术语和定义适用于本文件。

2.1　空中水资源

大气中液态水、固态水和水汽的总量。

2.2　空中水汽含量

地面以上单位面积大气柱中的水汽总含量,单位为 mm。

2.3　降水效率

实际降水量与空中水汽含量的百分比,单位为％。

3　评估内容与方法

3.1　评估内容

评估内容包括空中水汽含量和降水效率。

3.2　评估方法

3.2.1　空中水汽含量的评估

一般用探空资料计算空中水汽含量,计算公式为:

$$W = -\frac{1}{g}\int_{P_z}^{P_0} q(P)\mathrm{d}P \tag{1}$$

式中：

W——空中水汽含量，单位 mm；

P_0——地面气压值，单位 hPa；

P_z——z 高度处气压值，单位 hPa；

q——各气压层比湿，单位 $g \cdot kg^{-1}$；

g——重力加速度，单位 $m \cdot s^{-2}$。

$$q = 621.98 \frac{e}{p} \tag{2}$$

$$e = A \cdot 10 \frac{a \cdot t_d}{b + t_d} \tag{3}$$

式中：

p——规定层气压，单位 hPa；

e——水汽压，单位 hPa；

A——常数，取 6.11；

a——常数，取 7.5；

b——常数，取 237.3；

t_d——规定层露点温度，单位 ℃。

一般在计算时采用分层叠加的方法，只需要计算从地面到 300 hPa，有两规定层间水汽含量为：

$$W_{i \rightarrow i+1} = \frac{q_i + q_{i+1}}{2} (p_i - p_{i+1}) \frac{13.6 \times 0.076}{1013.25} \tag{4}$$

式中：

i——取 1，2，3，4，5；

p_1——地面气压，单位 hPa；

q_1——地面比湿，单位 $g \cdot kg^{-1}$；

p_2——850 hPa；

q_2——850 hPa 的比湿，单位 $g \cdot kg^{-1}$；

p_3——700 hPa；

q_3——700 hPa 的比湿，单位 $g \cdot kg^{-1}$；

p_4——500 hPa；

q_4——500 hPa 的比湿,单位 g·kg^{-1};

p_5——400 hPa;

q_5——400 hPa 的比湿,单位 g·kg^{-1};

p_6——300 hPa;

q_6——300 hPa 的比湿,单位 g·kg^{-1};

空中水汽含量 W 为 5 层总和,即:

$$W = \sum_{i=1}^{5} W_i \tag{5}$$

也可采用其他资料计算空中水汽含量 W,具体方法参见附录 A—C。

3.2.2　降水效率的评估

降水效率的计算公式为:

$$P_E = \frac{P_a}{W_a} \times 100\% \tag{6}$$

$$W_j = \sum_{i=1}^{d} W_i \tag{7}$$

$$W_a = \frac{1}{N} \sum_{j=1}^{N} W_j \tag{8}$$

式中:

P_E——降水效率,单位%;

N——统计年数,一般不小于 30;

P_a——常年降水量,取 N 年平均,单位 mm;

W_a——常年空中水汽含量,取 N 年平均,单位 mm;

W_j——逐年空中水汽含量,单位 mm;

W_i——逐日空中水汽含量,单位 mm;

d——一年日数。

附录 A
（资料性附录）
用地基 GPS 观测资料计算空中水汽含量的方法

空中水汽含量(W)由下式计算：

$$W = \prod \cdot Z_{WD} \tag{A.1}$$

$$\prod = \frac{10^6}{\rho_w R_v \left[\left(\dfrac{k_3}{T_m} \right) + k_2' \right]} \tag{A.2}$$

$$Z_{WD} = Z_{TD} - Z_{HD} \tag{A.3}$$

式中：

W——空中水汽含量，单位 mm；

Z_{WD}——湿延迟，单位 mm；

Z_{TD}——天顶总延迟，利用 GPS 接收机获取的 GPS 原始观测数据通过 GPS 数据处理软件解算得出，单位 mm；

Z_{HD}——静力延迟，采用气象经验模型，根据相应的温度、气压、测站地理坐标计算，单位 mm；

$\prod$——湿延迟和空中水汽含量的无量纲转换系数；

ρ_w——水汽密度，单位 $kg \cdot m^{-3}$；

R_v——水汽比气体常数，取 461.495，单位 $J \cdot kg^{-1} \cdot K^{-1}$；

k_2'——常数，取 22，单位 $K \cdot hPa^{-1}$；

k_3——常数，取 3.739×10^5，单位 $K^2 \cdot hPa^{-1}$；

T_m——大气加权平均温度，单位 K，并有：

$$T_m = 70.2 + 0.72 T_s \tag{A.4}$$

T_s——地面温度，单位 K。

附录 B

（资料性附录）

用地面水汽压计算空中水汽含量的方法

空中水汽含量（W）由下式计算：

$$W = 10(a_0^* + a_1^* e) \qquad (B.1)$$

式中：

W——空中水汽含量，单位 mm；

a_0^* 和 a_1^* ——经验系数；

e——地面水汽压，单位 hPa。

四川省内川西高原海拔 3000m 以上地区的经验系数为：

$$a_0^* = -0.02 \qquad (B.2)$$

$$a_1^* = 0.185 \exp(0.110H^2 - 0.955H + 1.980) \qquad (B.3)$$

四川省内盆地区的经验系数为：

$$a_0^* = \begin{cases} 0.03 \exp(-1.39H^2 + 2.74H + 0.15) & (\varphi \geqslant 33) \\ 0.04 \exp(0.6H) - d_1 + d_2 & (\varphi < 33) \end{cases}$$

$$(B.4)$$

$$a_1^* = \begin{cases} 0.17 + d_3 & (\varphi \geqslant 33) \\ (0.20 - d_3)d_4 & (\varphi < 33) \end{cases} \qquad (B.5)$$

$$d_1 = \frac{0.05}{(\varphi - 25.0)^2 + 0.25} \qquad (B.6)$$

$$d_2 = \begin{cases} 0 & (\varphi > 20) \\ -0.9 & (\varphi \leqslant 20) \end{cases} \qquad (B.7)$$

$$d_3 = \frac{0.066}{(\varphi - 33)^2 + 4.41} \qquad (B.8)$$

$$d_4 = 1.0 \qquad (B.9)$$

式中

H——海拔高度，单位 km；

φ——地理纬度，单位（°）。

附录 C

（资料性附录）

用 NCEP 再分析资料计算空中水汽含量的方法

NCEP 再分析资料是美国国家环境预报中心（NCEP）推出，由模式获得的全球再分析资料。该资料从 1948 年 1 月 1 日至今，每天输出 4 个时次（UTC00Z、UTC06Z、UTC12Z、UTC18Z），发布范围 90°N －90°S，0°－357.5°E。

空中水汽含量（W）由下式计算：

$$W = -\frac{1}{g} \int P_z P_0 q(P) \mathrm{d}P \qquad (C.1)$$

式中：

W——空中水汽含量，单位 mm；

q——各气压层比湿，单位 g·kg^{-1}；

P_0——地面气压值，单位 hPa；

P_z——z 高度处气压值，单位 hPa；

g——重力加速度，单位 m·s^{-2}。

附录2.7　飞机人工增雨(雪)作业技术规范

CS　07.060
A47

DB51

四　川　省　地　方　标　准

DB51/T　1708—2013

飞机人工增雨(雪) 作业技术规范

Technical specifications for aircraft precipitation
enhancement operation

2013-12-02发布　　　　　　　　2014-01-01实施

四川省质量技术监督局　发布

前　言

本标准按 GB/T 1.1—2009《标准化工作导则 第 1 部分标准的结构和编写》给出的规则起草。

本标准由四川省气象局提出并归口。

本标准由四川省质量技术监督局批准。

本标准起草单位:四川省人工影响天气办公室。

本标准主要起草人:王维佳、郝克俊、陈碧辉、刘晓璐、田泽彬、郑键、耿蔚、余芳、刘志、李慧晶、林丹。

飞机人工增雨(雪)作业技术规范

1　范围

本标准规定了飞机人工增雨(雪)作业的术语和定义、预案编制、前期准备、作业实施和作业总结。

本标准适用于四川省范围内的飞机人工增雨(雪)作业。

2　规范性引用文件

下列文件对于本文件的应用是必不可少的。凡是注日期的引用文件,仅注日期的版本适用于本文件。凡是不注日期的引用文件,其最新版本(包括所有的修改单)适用于本文件。

QX/T 151—2012　人工影响天气作业术语。

3　术语和定义

QX/T 151—2012　界定的以及下列术语和定义适用于本文件。为了便于使用,以下重复列出了 QX/T 151—2012 中的某些术语和定义。

3.1　飞机人工增雨(雪)作业

利用飞机在云体的适当部位,选择适当的时机,播撒适合的催化剂,以增加地面降水量的科学技术措施(简称飞机作业)。

(QX/T 151—2012,飞机作业 6.1)

3.2　作业空域

经飞行管制部门和航空管理部门批准,飞机、高炮、火箭在规定时限内实施作业的空间范围。

(QX/T 151—2012,作业管理 8.8)

3.3　年度飞行计划

当年准备实施飞机人工增雨(雪)的作业时段、作业空域、作业区范围、机型机号、使用(备降)机场、飞行高度等方案。

3.4　具体飞行计划

飞机作业实施单位向飞行管理部门申请的某一次作业计划。

3.5　机载设备

安装在飞机上,用于飞机作业的设备,包括空地传输系统、大气探测设备、催化剂播撒和固定装置等。

3.6　空地传输系统

作业飞机与作业指挥中心之间实现实时语音通话和数据传输的设备。

3.7　大气探测设备

在飞机上安装或投放的用于探测大气物理、化学和云雾结构的设备。

3.8　作业指挥中心

飞机作业实施单位设立的指挥飞机作业的场所和部门。

4　预案编制

根据短期气候趋势预测,综合分析工农业生产需求,结合森林防(灭)火、水库蓄水、环境污染应急与治理、重大社会活动保障等因素,编制当年飞机作业预案,其主要内容见表1。

表 1　年度预案编制项目、内容

项　目	内　　　　　容
背景概况	年度气候背景、趋势及现状。
需求分析	常规性、应急性、资源性需求。
作业方案	作业时段、区域、机型,起降场、备降场,机载设备、催化剂,作业实施、计划飞行架次、预期效果,协作单位及任务,后勤保障等。

5　前期准备

5.1　召开飞机作业协调会

地方人民政府领导主持召开有关单位领导参加的飞机人工增雨(雪)工作协调会,协调飞行计划审批、飞机转场、备降场、通讯联络、气象保障、地面保障等事宜,形成会议纪要并下发。

5.2　签订协议

飞机作业组织实施单位与有关单位签订协议。

5.3　申报年度飞行计划

飞机作业组织实施单位向飞行管理部门申报年度飞行计划。

5.4　实施气象加密监测

配合飞机作业,有关市(州)、县气象局按要求完成气象加密监测任务。

5.5　配备作业人员

飞机作业组织实施单位配备政审合格、身体健康并具备相应专业知识和技能的人员作为作业人员,并为其购买保险。

5.6　准备物资

5.6.1　催化物资

准备催化剂及其储存装置。

5.6.2　机载设备

准备空地传输系统、大气探测设备、催化剂播撒与固定装置等。

5.6.3　飞机

5.6.3.1　选择满足人工增雨(雪)作业需求的飞机。

5.6.3.2　根据作业需要,制定作业飞机改装方案,报民航部门论证、审批。

5.6.3.3 安装、调试空地传输系统、催化剂播撒和固定装置、大气探测仪器等机载设备。

5.6.3.4 试飞,调试机载设备。

5.6.4 后勤物资

准备飞机作业所需的拆装、照明、供电、防护、御寒、照(摄)像等器材设备。

6 作业实施

6.1 作业任务拟定

根据作业需求,结合天气预报等信息,作业指挥中心初步拟定作业日期、作业区域、作业人员等。

6.2 临近作业准备

6.2.1 作业人员备齐催化物资、机载设备、后勤物资。

6.2.2 作业指挥中心联系飞行单位,申报具体作业飞行计划。

6.2.3 作业人员携带相关设备、物资到达作业飞机起降场,在作业飞机上安装、测试机载设备。

6.3 作业任务执行

6.3.1 作业指挥中心根据旱情、天气条件、卫星云图、雷达回波、闪电定位等信息,拟定作业航线。

6.3.2 作业高度与作业方式,通知作业人员。

6.3.3 作业人员分析作业航线,申报空域;飞机起飞前,了解起降场相关情况以及空域、卫星云图、天气雷达、探空和相关气象台站天气实况等最新信息,必要时提出修改作业航线的建议。

6.3.4 空域批复后,作业人员向作业指挥中心通报计划飞行航线、作业区域、预计起飞时间、各仪器设备工作状态等信息。

6.3.5 作业指挥中心确定登机作业人员。

6.3.6 登机作业人员同机组商定后准备飞行。

6.3.7　机组飞行人员在空域许可、保证安全的前提下,执行飞行计划,根据作业指挥中心指令,适当调整飞行航线。

6.3.8　登机作业人员携带相关设备、材料登机,运行相关机载设备;飞机起飞后,登机作业人员正确操作机载设备,认真观测和记录,利用空地传输系统与指挥中心保持联络,及时通报机载设备运行情况和大气宏微观观测信息,合理把握作业时机和部位,准确使用催化剂用量。

6.3.9　飞行起飞后,作业指挥中心通过空地传输系统与登机作业人员进行语音通话,根据卫星云图、雷达回波、闪电定位等信息,指挥登机作业人员调整作业航线、作业高度、催化剂播撒时机。

6.3.10　飞行中,登机作业人员和作业指挥中心及时互通雷达监测信息和双方的工作状态。

6.3.11　飞机着陆后,登机作业人员清理机载设备,整理相关资料,带离飞机。

6.4　作业任务清理

6.4.1　飞机着陆后,作业人员向作业指挥中心通报作业时间、作业航线、作业高度、催化剂用量等作业信息。

6.4.2　作业人员检查相关设备,整理作业资料,统计催化剂余量,清理后勤物资。

6.4.3　作业人员将相关设备、物资、资料带回作业指挥中心。

7　作业总结

7.1　每次效果评估

每架次飞机作业结束后,及时评估作业效果,报送作业信息。

7.2　年度效果评估

本年度飞机作业结束后,及时评估全年作业效果、撰写工作总结、技术报告、召开总结会议,有关信息、材料及时报送相关部门。

附录2.8 人工影响天气火箭作业技术规范

CS 07.060
A47

DB51

四 川 省 地 方 标 准

DB51/T 855—2014
代替 DB 51/T 855—2008

人工影响天气火箭
作业技术规范

Technical specifications for aircraft precipitation
enhancement operation

2014-12-22发布　　　　2015-05-01实施

四川省质量技术监督局　发布

前　言

本标准按 GB/T 1.1—2009 给出的规则起草。

本标准附录 A、附录 B、附录 C 为规范性附录,附录 D、附录 E、附录 F 为资料性附录。

本标准代替 DB 51/T 855—2008。与 DB 51/T 855—2008 相比,主要技术变化如下:

——删除了"术语与定义"。

——增加了"作业点设置"及相关内容(见 2,2.1,2.2,2.3)。

——增加了"作业人员管理"及相关内容(见 3,3.1,3.5)。

——增加了"检测"的有关内容(见 4.2.6,4.2.7,4.2.8)。

——增加了"火箭发射场地安全区、禁区范围"(见图 1)。

——增加了"空域安全"及相关内容(见 5,5.1,5.3,5.4)。

——增加了"作业实施"及相关内容(见 6,6.1,6.2,6.3)。

——增加了附录 A、附录 B、附录 C 和附录 F。

本标准由四川省气象局提出并归口。

本标准由四川省质量技术监督局批准。

本标准起草单位:四川省人工影响天气办公室。

本标准主要起草人:郝克俊、徐精忠、王维佳、陈碧辉、郭守峰、任超、陈国学、任富建、郝竞扬、张元、王玉宝、卫东。

人工影响天气火箭作业技术规范

1　范围

本标准规定了人工影响天气火箭作业系统的作业点设置、作业人员管理、作业技术、空域安全、作业实施等内容。

本标准适用于本省境内 BL、WR、JFJ 等系列火箭作业系统的人工影响天气作业。

2　作业点设置

2.1　布局原则

2.1.1　适应当地需求,符合航空、飞行、建设等相关规定,交通方便,通信畅通。

2.1.2　周围无高大障碍物,远离居民区,确保安全。

2.1.3　视野开阔,避开航路、航线、油库、道路、重要文物、电力设施、人员密集场所等。

2.1.4　发射弹道附近不得有电杆、电线、水塔、铁塔、树木、建筑物等障碍物。

2.1.5　宜布设在作业影响区上风方,避开强交变电磁场。

2.2　申报要求

2.2.1　市级气象主管机构将作业点的地名、编号、经纬度、装备等报省气象主管机构。

2.2.2　省气象主管机构会同飞行管制部门批准的作业点,纳入空域申报范围后方可准予作业。

2.3　建设要求

2.3.1　固定作业点

2.3.1.1　通水电,砌有围墙或围栏,建有值班室、休息室、装备库房、弹药库房、作业平台。

2.3.1.2　值班室配备通信设备,张贴规章制度、作业流程和安全射界图等。

2.3.1.3　防雷装置、消防和安防设施应符合安全规定,通讯设施和气象观测设备满足作业需要。

2.3.1.4　作业平台平整硬化,道路坡度小于15°,火箭运输、安装、操作方便,禁射标志醒目。

2.3.1.5　以平台为基点,障碍物遮挡仰角或水平视角均不大于30°,射击视角不小于90°。

2.3.1.6　工作环境保持整洁,物品分类摆放,标识明显,取放便捷。

2.3.1.7　配备视频监控装置。

2.3.1.8　每半年调查作业区内环境变化,及时标注变化信息,调整安全射界图。

2.3.2　流动作业点

2.3.2.1　按照2.3.1.4～2.3.1.5的要求选择作业场地。

2.3.2.2　定期巡视周围环境变化。如不符合作业要求,应及时进行调整。

2.3.3　临时作业点

2.3.3.1　参照2.3.1.4～2.3.1.5的要求选择作业场地。

2.3.3.2　作业结束后,临时作业点自动撤销。如需作业,应重新申报审批。

3　作业人员管理

3.1　作业点设负责人 1 名,负责日常管理。

3.2　作业人员应有初中以上文化,政治合格、身体健康,男 18~60 周岁,女 18~55 周岁。

3.3　省气象主管机构组织新增作业人员的培训,经考试和考核合格后颁发作业人员资格证。

3.4　每套火箭作业系统配备 3 人,并办理相关保险。

3.5　每年作业前,市级气象主管机构负责作业人员的岗前培训、操作演练,完成注册和备案。

3.6　作业人员统一着装,戴安全帽。

3.7　作业组织是由省气象主管机构认定的具有人工影响天气作业资格的企事业单位。

4　操作技术

4.1　安装

4.1.1　将发射平台底板平放在运载车车箱的对称中心线上,后车门能关闭。

4.1.2　对照底板装孔位置,在车箱底板上钻孔,用螺栓紧固底板与车箱。

4.1.3　推入滑车,将各螺栓紧固定位。

4.1.4　用螺栓将定向器固定在滑车的方位机上,将高低机固定在定向器与方位机之间。

4.1.5　用螺钉将角度仪固定在定向器上。

4.1.6　火箭发射架紧固在不发射时的装载位置,盖好防尘套。

4.2　检测

4.2.1　到达作业点发射平台,脱去防尘套,检查火箭发射架各部位的紧固件是否牢固,不允许松动。

4.2.2　火箭发射架的发射通道无卡滞,挡弹器灵活、有效,主要技术参数见附录 A。

4.2.3　火箭发射控制器开关、按钮灵活,主要技术参数见附录 B。

4.2.4　火箭发射轨道与发射控制器上的检测线路、发射按钮相对应,依次配套使用。

4.2.5　火箭弹尾翼和弹尖无变形、损坏,喷孔密封胶带及警示标志完好,主要技术参数见附录 C。

4.2.6　检查火箭弹储备是否充足,不能有过期、松动、破损等现象。

4.2.7　检查运载车辆是否符合安全要求。

4.2.8　检查电台、对讲机、卫星电话、电池、电源、接地(短接)导线和备用设备等,确保正常使用。

4.3　发射

4.3.1　调整火箭发射架的方位角、高低机和定向器仰角,瞄准目标云体,固定位置,可靠接地。

4.3.2　用发射电缆线连接好火箭发射架和发射控制器。

4.3.3　作业人员利用接地导体或潮湿地面、水面释放自身的静电。

4.3.4　检测火箭发射架各发射通道电阻,确保电阻值在允许范围内。

4.3.5　关闭发射电源,装卸火箭弹。弹头斜向上方,尾翼置于导轨正中间。禁止弹头或喷口对人。

4.3.6　点火系统接通良好,所有人员撤至火箭发射架侧后方 25 m 外的上风方安全区待命发射。

4.3.7　火箭发射场地安全区、禁区范围见图 1。

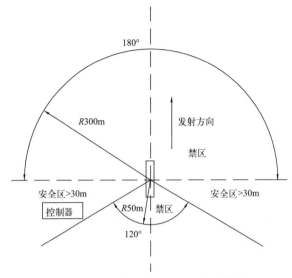

图 1　火箭发射场地安全区、禁区范围

4.3.8　火箭发射架正前方 180°、100 m 与正后方 120°、50 m 内无人畜进入。

4.3.9　接到作业指挥人员的发射命令,经复核无误后,作业人员按下发射按钮,发射火箭弹。

4.3.10　需要多次作业时,重复上述检测、发射步骤。

4.3.11　作业后及时清理作业现场、填写作业记录、上报作业信息。

4.4　保养

4.4.1　每次作业后,及时清擦定向器、导轨及电源线夹,晾干后涂油防锈。

4.4.2　作业期结束,全面保养后入库保管。

4.4.3　火箭发射架应防止曝晒、雨淋、锈蚀或电路损坏,防止底板变形。

4.4.4　发射控制器应避免雨淋、进水,不发射时关闭发射电源开关。

4.4.5　干电池用毕即取出,蓄电池注意充电和更换。新旧电池不宜混合使用。

4.4.6　经常检查点火线路插接部分及电缆焊接处,做好防尘、防晒、防潮、防静电、防腐蚀。

4.4.7　活动机件每年应分解擦拭、涂油 1～2 次,但定向器不得分解。

5　空域安全

5.1　作业组织应提前报作业计划。

5.2　作业组织向航空管理部门提出作业申请。

5.3　申请时说明指挥人员代号、作业装备、地点、编号、性质、方位和时限等。

5.4　指挥人员使用普通话申请,语言简练、声音洪亮、发音准确、口齿清楚。

5.5　无法确认航空管理部门的批复内容时不得作业。

5.6　作业期间,作业人员应实时观察射击方向空域。

5.7　收到航空管理部门的批复,经校对无误后,作业指挥人员向作业点下达作业指令。

5.8　作业人员在批准的空域和时限内实施作业。超出批复的作业时限仍需作业的,应重新申报审批。

5.9　作业结束后,县、市级作业组织立即向航空管理部门回复作业完毕。

6　作业实施

6.1　作业准备

6.1.1　作业组织根据气候趋势预测和作业需求,编制当年作业计划。

6.1.2　完成作业人员培训、注册等。

6.1.3　完成火箭作业系统年检,弹药准备充足。

6.1.4　完善应急作业预案,开展应急培训和演练。

6.2　发布公告

6.2.1　作业组织提前用纸质或网络媒体等方式,向社会公众公告人工影响天气作业事项。

6.2.2　公告实施作业的区域、起止时间,作业中使用的作业装备。

6.2.3　公告安全注意事项、事故处理措施和方法。

6.2.4　公告作业单位、联系人姓名、联系方式。

6.3　规范作业

6.3.1　每次作业前,作业装备检测符合安全操作要求。作业时的射击仰角 45°～85°。

6.3.2　列出操作流程、作业中易错点和注意事项,作业指挥人员以问答方式检查操作状况,避免出错。

6.3.3　有作业天气条件时,作业人员装填弹药,检测作业装备,等待作业空域申请的批复指令。

6.3.4　作业后,及时清点弹药消耗和剩余数量;按要求上报作业信息、保养作业装置。

6.4　运输安全

6.4.1　严格执行国家有关武器装备、爆炸物品管理的法律、法规。

6.4.2　火箭发射架的定向器、导轨不得受力,发射控制器装箱固定。

6.4.3　火箭弹水平放置,弹头与汽车行驶方向垂直。

6.4.4　运载车车况良好,车速适中。不得急刹车、急转弯。不准超高、超宽和超重。

6.5　应急处理

6.5.1　点火后发生炸架的导轨应立即停止使用,经专业技术人员修理检测合格后方能使用。

6.5.2　火箭弹点火后不发射,等待 5 min 后换下,短接点火线,装箱封存保管,交回厂家处理。

6.5.3　出现未爆炸的火箭弹,当地气象主管机构应会同政府有关部门处理。

6.5.4　发生作业安全事故,作业组织立即报告当地政府和上级气象主管机构,会同相关部门妥善处理。

6.5.5　BL、WR、JFJ 系列火箭常见故障及处理,分别见附录 D、附录 E、附录 F。

6.6　注意事项

6.6.1　不得使用万用表检测火箭弹电阻。

6.6.2　不得使用过期火箭弹、年检不合格的火箭发射架实施作业。

6.6.3　作业中开封后未使用的火箭弹应清擦干净,短接点火线,按原样密封后装箱保存,宜尽早用完。

6.6.4　射击仰角≥60°时,作业点及附近人员要注意顶空安全,以防弹体破片伤害。

6.6.5　不发射火箭弹时,不得开启发射电源。

6.6.6　作业地确保语音、网络等通信设备完好,且有备份设施。

6.6.7　收到停止作业指令或遇装备故障、通信中断、空域异常等,应立即停止射击,回复作业完毕。

附录 A
（规范性附录）
发射架主要技术参数

项目	技术指标							
	WR 系列			BL 系列				JFJ 系列
	WR-9821	WR-9810	WR-1D	CF4-1	CF2-1	QF 牵引式	CDF	LF-3 LF-6 CF-6 CF-12
箭轨长度（mm）	1720	1720	1800	1500	1500	1500	1500	1200
导轨包容圆直径（mm）	82.3+0.3	82.3+0.3	57.14+0.5	BL-1 56.8+0.4 BL-2 44.8+0.4	BL-1 56.8+0.4 BL-2 44.8+0.4	BL-1 56.8+0.4 BL-2 44.8+0.4	BL-1 56.8+0.4 BL-2 44.8+0.4	46+0.2 −0.3
仰角(°)	50~80	50~80	50~80	45~85	45~70	45~85	45~85	45~85
方位角(°)	±30	0~360	±30 0~360	0~360	0~360	0~360	0~360	0~360
箭轨数量（管）	4	4	4	4	2	2;3;4	2;4;8	3;6;12
各通道电阻(Ω)	<10	<10	<10	1.5~2.5	1.5~2.5	1.5~2.5	1.5~2.5	≤10
点火触头中心距进弹口尺寸（mm）	787±6	787±6						

附录 B

（规范性附录）

发射控制器主要技术参数

项目	技术指标		
	WR 系列	BL 系列	JFJ 系列
	WR-1、WR-FKQ	YD	MFD-50
通道数（个）	9；4	2～8	3
检测电压（V）	12	≤1	6
检测电流（mA）	1±0.005	YD-1＜0.5 YD-2/3＜1	30
发射电压（V）	85±5	YD-1/3　12	900（峰值）
		YD-4　85±5	
发射电流（A）	≥8	YD-1　＞3	≥8.7
		YD-2/3＞2.5	
点火冲能 （A².ms）	≥10	YD-4　≥10	
工作电源（V）	12V 直流电源或 8 节 1 号电池（FKQ 型为 8 节 5 号电池）	YD-1　2×6V（铅酸式免维护干电池）和 1 节 9V 叠层电 YD-2　2×6V（铅酸式免维护干电池） YD-3　8×1.5V（2 号干电池） YD-4　4×1.5V（1 号干电池）	4.5～6

注：火箭发射控制器型号表示火箭控制系统。

附录 C
（规范性附录）
火箭弹主要技术参数

项目	技术指标				
	WR 系列		BL 系列		JFJ 系列
	WR-98	WR-1D	BL-1A	BL-2	JFJ－1A
弹径(mm)	Φ82	Φ57	Φ56	Φ44	Φ44
弹长(mm)	1450±5	1070	785	657	577
全弹质量(kg)	8.3±0.3	4.3	2.1	1.2	1.1
使用温度(℃)	−30～+45	−30～+45	−20～+50	−20～+50	−20～+45
贮存温度(℃)	−30～+40	−30～+40	−40～+50	−40～+50	−40～+45
发射成功率(%)	≥99	≥99	≥99	≥99	≥99
播撒时间(s)	≥35 (−35～+48)	29±2	≥15	≥10	16±2
残骸落地速度(m·s⁻¹)	≤8	≤10			
残骸质量(g)	3700	2100	≤180	≤180	≤500
落地方式	伞降	伞降	三段自炸残骸自由飘落	三段自炸残骸自由飘落	炸毁残骸自由飘落
点火系统阻值(Ω)	A组0.6 B组0.75	A组0.6 B组0.75	0.55～0.95	0.55～0.95	1.5～5.5
贮存期(年)	3	3	3	3	3
贮存湿度(%)	≤70	≤70	≤70	≤70	≤70
发动机工作时间(s)	2.6	0.8	2.2	1.2	> 0.7
火箭离架速度(m·s⁻¹)	40	70	40	50	≥45

注：火箭弹型号表示各系列增雨防雹火箭作业系统。

附录 D

（资料性附录）

BL 系列火箭常见故障及处理

故　障　现　象	原　因　分　析	处　理　方　法
点火后不发射。	1. 火箭弹短路或断路； 2. 接触不良。	1. 等待 5 min 后换下火箭弹，封存、记录，交厂家处理； 2. 重新接好。
炸架。	火箭弹、火箭发射架出现问题或操作不当。	该导轨停止使用，待厂家检修合格后使用。
打开总电源开关，显示屏无显示，指示灯不亮。	总开关接触不良。	重开一次。
检测各通道电阻时，显示屏显示"1"。	1. 电缆处两头接口处未接好； 2. 外线路短路： (1)火箭发射架电源线夹有污垢； (2)火箭弹点火脚线有污物或胶； (3)火箭发射架各轨道下面线夹松动； 3. 火箭弹断路。	1. 重接电缆线； 2. 检查外线路： (1)清擦电源线夹； (2)用砂纸打磨点火脚线； (3)更换电源线夹。 3. 封存火箭弹，交厂家处理。
检测各通道电阻时，显示屏显示值大于规定上限值。	外线路接触不良。	1. 重接电缆线； 2. 检查外线路： (1)清擦电源线夹； (2)拧紧压线螺钉。
升压指示灯不亮无报警。	电池电压不足。	更换电池。
打开电源开关，电压正常指示灯不亮。	电压低。	更换电池。
打开电源开关，电压正常，指示灯与电压工作指示灯不亮。	电压过低。	更换电池。

附录 E
（资料性附录）
WR 系列火箭常见故障及处理

故 障 现 象	原 因 分 析	处 理 方 法
火箭弹检测正常，发射通道正确，但发射不出去。	外电路短路。	逐段检测外线路，确定故障部位并排除。
连续发射时，个别火箭弹未出架。	发射指示灯未亮，点火电压不足。	继续发射其他火箭弹。
火箭发射架定向器仰角调节困难或方位转动困难。	锁紧器未松开。	松开锁紧器。
	锁紧器锈蚀。	锁紧器除锈、擦拭和涂油。
	已达到极限位置。	停止调节。
定向器变形。	使用不当。	送厂家维修调节或更换。
发射控制器数字显示屏无显示。	电源未打开。	打开电源。
	电池电压不足。	更换新电池。
	电源输入方式不正确。	重新输入电源。
	内部保险丝损坏。	更换保险丝。
	内部电路故障。	送厂家维修。
检测通道电阻不合格，发射控制器显示屏显示"1"。	通道档位不正确。	将"通道转换开关"拨到该通道上。
	电缆线连接不正确。	检查电缆线与火箭发射架和发射控制器的对接处，重新连接。
	导轨上的点火触头或火箭弹上的点火片接触不良。	1. 检查火箭弹的点火触片是否干净，不干净予以处理；2. 确认点火触片位置正确。
	火箭发射架接线断开。	重新连接火箭发射架接线。
	发射控制器内部电路故障。	送厂家维修。
	火箭弹内部断路。	换下火箭弹。封存、记录，交厂家处理。
升压过慢。	电源电压不足。	更换电池或供电方式。
检查电阻不正常。	点火线路接触不良。	打磨火箭发射架上的点火触头；检测各插接件是否接触良好。

附录 F

（资料性附录）

JFJ 系列火箭常见故障及处理

故 障 现 象	原 因 分 析	处 理 方 法
按下点火按扭后，火箭弹滞留在导轨内不发射。	1. 通道线路未接好； 2. 线路短路或断路； 3. 点火系统故障。	1. 其他通道可继续发射。发射完毕后，关闭电源 5 min 后，卸下该通道火箭弹，短路后，妥善保管。若是火箭弹质量问题，应及时报告上级部门处理； 2. 检查该通道线路，若线路存在短路或断路，及时排除。
点火后，火箭弹在发射架内爆炸。	1. 火箭发动机爆炸； 2. 弹头爆炸。	注意隐蔽，本批火箭弹暂停使用，及时报告上级部门，联系生产厂家查清原因。
火箭弹升空后不爆炸。	延时装置、引爆装置故障。	注意观察空中残落物情况，不影响继续作业。作业完毕后，及时寻找火箭弹残骸，有安全隐患的应妥善保管，报告上级部门进行处理。
火箭弹点火后跳出发射架，沿地面飞行或原地窜动。	火箭弹发动机故障。	1. 注意隐蔽，等待弹头爆炸后找回残骸，联系生产厂家处理； 2. 本批火箭弹暂停使用，报告上级部门，联系生产厂家查清原因。
打开总电源开关，指示灯不亮、充电蜂鸣器不响。	1. 电池没有电； 2. 指示灯故障； 3. 蜂鸣器故障； 4. 开关故障； 5. 发爆器电路板故障。	1. 更换新电池； 2. 更换指示灯； 3. 更换蜂鸣器； 4. 更换总电源开关； 5. 检查电路板上的电子元件，找出故障元件，对其进行更换。
检测各通道时，指示灯不亮。	1. 指示灯故障； 2. 发射开关按钮故障； 3. 线路连接不正确或断路。	1. 更换指示灯； 2. 更换发射开关按钮； 3. 重新连接该通道线路，线路断路时及时排除。